现代食品深加工技术丛书
"十三五"国家重点出版物出版规划项目

孜然深加工技术

木泰华　马梦梅　陈井旺　著

U0263809

科学出版社

北京

内 容 简 介

本书对孜然的特征性成分和功能性营养成分，如精油、油树脂、膳食纤维、蛋白质、多酚及黄酮类物质的结构、物化功能特性、生物活性、加工技术及其在食品、保健品和医药领域中的应用等方面进行了系统而详细的介绍，对提高孜然附加值，实现孜然资源的综合利用，增加孜然主产区经济效益，促进孜然加工业的发展和产业结构优化升级具有重要推动作用。

本书主要面向关注孜然及其副产物加工、生物活性和应用的广大读者，并为相关专业的学生、相关领域的学者及企业的研发人员提供参考。

图书在版编目（CIP）数据

孜然深加工技术 / 木泰华，马梦梅，陈井旺著. —北京：科学出版社，
2019.2
　（现代食品深加工技术丛书）
　"十三五"国家重点出版物出版规划项目
　ISBN 978-7-03-060067-7

Ⅰ. ①孜… Ⅱ. ①木… ②马… ③陈… Ⅲ. ①茴香 - 调味品 - 食品加
工 Ⅳ. ①TS264.2

中国版本图书馆 CIP 数据核字（2018）第 279893 号

责任编辑：贾　超　侯亚薇 / 责任校对：杜子昂
责任印制：张　伟 / 封面设计：东方人华

科　学　出　版　社 出版
北京东黄城根北街 16 号
邮政编码：100717
http://www.sciencep.com
北京教图印刷有限公司 印刷
科学出版社发行　各地新华书店经销
*
2019 年 2 月第　一　版　开本：B5（720×1000）
2019 年 2 月第一次印刷　印张：12 1/2
字数：234 000
定价：98.00 元
（如有印装质量问题，我社负责调换）

丛书编委会

总 主 编：孙宝国

副总主编：金征宇　罗云波　马美湖　王　强

编　　委（以姓名汉语拼音为序）：

<table>
<tr><td>毕金峰</td><td>曹雁平</td><td>邓尚贵</td><td>高彦祥</td><td>郭明若</td></tr>
<tr><td>哈益明</td><td>何东平</td><td>江连洲</td><td>孔保华</td><td>励建荣</td></tr>
<tr><td>林　洪</td><td>林亲录</td><td>刘宝林</td><td>刘新旗</td><td>陆启玉</td></tr>
<tr><td>孟祥晨</td><td>木泰华</td><td>单　杨</td><td>申铉日</td><td>王　硕</td></tr>
<tr><td>王凤忠</td><td>王友升</td><td>谢明勇</td><td>徐　岩</td><td>杨贞耐</td></tr>
<tr><td>叶兴乾</td><td>张　敏</td><td>张　慜</td><td>张　偲</td><td>张春晖</td></tr>
<tr><td>张丽萍</td><td>张名位</td><td>赵谋明</td><td>周光宏</td><td>周素梅</td></tr>
</table>

秘　　书：贾　超

联系方式

电话：010-64001695

邮箱：jiachao@mail.sciencep.com

作 者 简 介

木泰华 男，1964年3月生，博士，博士研究生导师，研究员，中国农业科学院农产品加工研究所薯类加工与创新团队首席科学家，国家甘薯产业技术体系甘薯产后加工研究室岗位科学家。担任中国淀粉工业协会甘薯淀粉专业委员会会长、欧盟"地平线2020计划"项目评委、《淀粉与淀粉糖》编委、《粮油学报》编委、*Journal of Food Science and Nutrition Therapy* 编委、《农产品加工》编委等职。

1998年毕业于日本东京农工大学联合农学研究科生物资源利用学科生物工学专业，获农学博士学位。1999～2003年先后在法国Montpellier第二大学食品科学与生物技术研究室及荷兰Wageningen大学食品化学研究室从事科研工作。2003年9月回国，组建了薯类加工团队。主要研究领域：薯类加工适宜性评价与专用品种筛选；薯类淀粉及其衍生产品加工；薯类加工副产物综合利用；薯类功效成分提取及作用机制；薯类主食产品加工工艺及质量控制；薯类休闲食品加工工艺及质量控制；超高压技术在薯类加工中的应用。

近年来主持或参加国家重点研发计划"政府间国际科技创新合作"重点专项、"863"计划、"十一五""十二五"国家科技支撑计划、国家自然科学基金项目、农业部公益性行业（农业）科研专项、现代农业产业技术体系、科技部农业科技成果转化资金项目、"948"计划等项目或课题68项。

相关成果获省部级一等奖2项、二等奖3项，社会力量奖一等奖4项、二等奖2项，中国专利优秀奖2项；发表论文161篇，其中SCI收录98篇；出版专著13部，参编英文著作3部；获授权国家发明专利49项；制定《食用甘薯淀粉》等国家/行业标准2项。

马梦梅 女，1988年10月生，博士，助理研究员。2011年毕业于青岛农业大学食品科学与工程学院，获工学学士学位；2016年毕业于中国农业科学院研究生院，获农学博士学位；2016年至今在中国农业科学院农产品加工研究所工作。

目前主要从事孜然精深加工及副产物综合利用、薯类深加工及副产物综合利用、薯类主食加工技术等方面的研究工作。参与农业部引进国际先进农业科学技术计划、国际（地区）合作与交流、甘肃省高层次人才科技创新创业扶持行动项目等，先后在 *Food Chemistry*、*Carbohydrate Polymers*、*Journal of Functional Foods* 和《中国食品学报》、《食品工业科技》等杂志上发表多篇论文。

陈井旺 男，1982年5月生，博士，助理研究员。2006年毕业于河北农业大学食品科技学院，获得食品科学与工程学士学位；2009年毕业于西南大学食品科学学院，获得食品科学硕士学位；2009年至今在中国农业科学院农产品加工研究所工作。

目前主要从事孜然精深加工及副产物综合利用、薯类深加工及副产物综合利用方面的研究与产业化工作。主持/参与中央高校基本科研业务费专项、农业部公益性行业(农业)科研专项、现代农业产业技术体系、"十二五"国家科技支撑计划、甘肃省高层次人才科技创新创业扶持行动项目等，先后在国内外核心期刊上发表多篇学术论文，参与获得授权国家发明专利20项。

丛 书 序

　　食品加工是指直接以农、林、牧、渔业产品为原料进行的谷物磨制、食用油提取、制糖、屠宰及肉类加工、水产品加工、蔬菜加工、水果加工、坚果加工等。食品深加工其实就是食品原料进一步加工，改变了食材的初始状态，例如，把肉做成罐头等。现在我国有机农业尚处于初级阶段，产品单调、初级产品多；而在发达国家，80%都是加工产品和精深加工产品。所以，这也是未来一个很好的发展方向。随着人民生活水平的提高、科学技术的不断进步，功能性的深加工食品将成为我国居民消费的热点，其需求量大、市场前景广阔。

　　改革开放30多年来，我国食品产业总产值以年均10%以上的递增速度持续快速发展，已经成为国民经济中十分重要的独立产业体系，成为集农业、制造业、现代物流服务业于一体的增长最快、最具活力的国民经济支柱产业，成为我国国民经济发展极具潜力的、新的经济增长点。2012年，我国规模以上食品工业企业33692家，占同期全部工业企业的10.1%，食品工业总产值达到8.96万亿元，同比增长21.7%，占工业总产值的9.8%。预计2020年食品工业总产值将突破15万亿元。随着社会经济的发展，食品产业在保持持续上扬势头的同时，仍将有很大的发展潜力。

　　民以食为天。食品产业是关系到国民营养与健康的民生产业。随着国民经济的发展和人民生活水平的提高，人们对食品工业提出了更高的要求，食品加工的范围和深度不断扩展，所利用的科学技术也越来越先进。现代食品已朝着方便、营养、健康、美味、实惠的方向发展，传统食品现代化、普通食品功能化是食品工业发展的大趋势。新型食品产业又是高技术产业。近些年，具有高技术、高附加值特点的食品精深加工发展尤为迅猛。国内食品加工中小企业多、技术相对落后，导致产品在市场上的竞争力弱。有鉴于此，我们组织国内外食品加工领域的专家、教授，编著了"现代食品深加工技术丛书"。

  本套丛书由多部专著组成。不仅包括传统的肉品深加工、稻谷深加工、水产品深加工、禽蛋深加工、乳品深加工、水果深加工、蔬菜深加工，还包含了新型食材及其副产品的深加工、功能性成分的分离提取，以及现代食品综合加工利用新技术等。

  各部专著的作者由工作在食品加工、研究开发第一线的专家担任。所有作者都根据市场的需求，详细论述食品工程中最前沿的相关技术与理念。不求面面俱到，但求精深、透彻，将国际上前沿、先进的理论与技术实践呈现给读者，同时还附有便于读者进一步查阅信息的参考文献。每一部对于大学、科研机构的学生或研究者来说，都是重要的参考。希望能拓宽食品加工领域科研人员和企业技术人员的思路，推进食品技术创新和产品质量提升，提高我国食品的市场竞争力。

中国工程院院士

2014 年 3 月

前　言

孜然俗称孜然芹、安息孜然、安息茴香等，是伞形科孜然芹属一年或两年生草本植物，原产于地中海和中亚一带，于唐代经丝绸之路传入我国，至今已有1000余年的栽培历史。孜然具有植株矮、生育期短、耐干旱、抗病虫和适应性强等特点，在我国新疆、甘肃、内蒙古等地均有广泛种植。孜然是世界第二大香料作物，含有多种对人体有益的营养物质。例如，孜然含有丰富的精油和油树脂，具有抗菌抑菌、灭虫、抗氧化、防癌抗癌、降血糖等功效。此外，孜然也含有大量的非脂成分，如膳食纤维、蛋白质、多肽、多酚和黄酮类物质等，具有调节血糖、血脂，抑制肥胖，抗氧化，增强免疫调节等作用。目前，我国孜然籽粒主要用于制备孜然粉、孜然精油、孜然油树脂等，但是除精油和油树脂外，孜然中的非脂成分往往被随意丢弃，造成严重的资源浪费和环境污染。因此，加强孜然及其副产物的研究与开发，实现孜然资源的综合利用，对于提高孜然附加值，增加企业效益，延长孜然加工产业链，升级产业结构，提高孜然主产区经济效益，减少资源浪费和环境污染等具有重要意义。

近年来，笔者团队承担了"863"计划、"十一五""十二五"国家科技支撑计划、国家重点研发计划、国家自然科学基金项目、农业部公益性行业（农业）科研专项、现代农业产业技术体系、科技部科研院所技术研究开发专项、科技部农业科技成果转化资金项目、甘肃省高层次人才科技创新创业扶持行动——孜然精深加工关键技术研究与产业化开发、农业部引进国际先进农业科学技术计划——孜然精深加工及副产物综合利用关键技术引进与示范、农产品加工副产物高值化利用技术引进与利用、欧盟"地平线2020计划""No Agricultural Waste"等项目或课题，在副产物综合利用领域进行了多年的研究与开发，攻克了很多关键技术，取得了一些的技术成果；并在此基础上完成本书的编写工作。

本书共四章：第1章主要介绍孜然精油和孜然油树脂的制备工艺、生物活性和应用；第2章主要介绍孜然膳食纤维的制备、改性工艺、结构、物化功能特性、生物活性及其在食品和保健品中的应用；第3章主要介绍孜然蛋白的提取、结构、物化功能特性及其在食品、保健品和医药领域的应用；第4章主要介绍孜然多酚和黄酮类物质的制备工艺、生物活性及其在食品、医药和日用化工领域的应用。

　　本书是在团队近年来研究工作基础上参考国内外的研究文献完成的，内容方面更加突出系统性、新颖性与创造性。本书旨在为孜然及其副产物的深加工及综合利用提供有益的参考和指导，进而为我国孜然加工行业的发展提供理论与技术支撑。

　　由于笔者水平有限，书中难免有不足之处，敬请广大读者提出宝贵意见及建议。

木泰华

2019 年 2 月

目　　录

第1章 孜然精油和孜然油树脂

孜然，也称孜然芹、安息孜然、安息茴香等，是伞形科孜然芹属一年或两年生草本植物(Chinese Academy of Sciences, 1985)，原产于地中海和中亚一带，在印度、伊朗等地广泛种植(Thippeswamy and Naidu, 2005)。孜然于唐代经丝绸之路传入我国，至今已有1000多年的栽培历史。现阶段，我国新疆、甘肃和内蒙古等地是孜然的主要产区，常年种植面积达5.71~7.14万hm²，平均产量达4142.86kg/hm²。孜然富含精油，气味芳香浓烈，被认为是仅次于胡椒的世界第二重要的香料作物(Sowbhagya, 2011)；孜然有多种药用特性，能够理气开胃、祛寒除湿等(Norman, 1991; El-Kady et al., 1993)，还具有抗过敏、抗氧化、抗血小板聚集和降血糖等保健功效(Johri, 2011)。Lewis(1984)测定孜然中含有水分(约7%)、精油(3%~4%)、蛋白质(约12%)、灰分(约10%)、纤维(约11%)、粗脂肪(约15%)、淀粉(约11%)等。长期以来孜然主要作为香料和调味料使用，广泛应用于饮料、汤、糕点、酒水中。此外，孜然在农药、医药、防腐等领域都表现出较好的应用前景。目前国内外对于孜然成分的研究主要集中在精油和非精油两方面，现已从精油和非精油物质中鉴定并分离出100多种化合物，而孜然营养成分的含量因地域、气候及品种的不同而改变。本章将从制备工艺、生物活性及应用等方面对孜然精油和孜然油树脂进行介绍，以期为孜然精油和孜然油树脂的生产加工及应用提供理论指导。

1.1 孜然精油

1.1.1 孜然精油的制备工艺

孜然芳香浓烈的气味主要是因为其含有3%~4%的精油。目前，国内外提取精油的方法主要有水蒸气蒸馏法、低沸点有机溶剂结合水蒸气蒸馏法、超临界CO₂萃取联合分子蒸馏法、微波辅助萃取法和微波辅助水蒸气蒸馏法等(孙宏, 2008; Heravi et al., 2007; 刘玉梅, 2000; Behera et al., 2004; Hashemi et al., 2009)。采用不同的方法对孜然精油进行提取及鉴定，所得精油提取率和组成均有一定的差异。

1. 水蒸气蒸馏法

水蒸气蒸馏法是指将浸泡的孜然籽粒或孜然粉与水混合、加热，利用蒸馏过程中产生的水蒸气将孜然中的挥发性精油提取出来，馏出液用冷凝水冷凝收集后，经有机溶剂萃取、无水硫酸钠干燥后即得孜然精油。

1) 工艺流程

孜然籽粒→粉碎→过筛→孜然粉→水蒸气蒸馏→冷凝→乙醚萃取→固液分离→干燥→蒸发浓缩→避光包装→孜然精油。

2) 主要操作步骤

(1) 粉碎：孜然籽粒经风选、去杂后，称取一定质量的孜然籽粒，用万能粉碎机进行粉碎，粉碎速度为中速，时间为 1~2min。

(2) 过筛：将粉碎好的孜然粉用不小于 70 目的筛网进行筛分，所得孜然粉备用。

(3) 水蒸气蒸馏：将过筛后的孜然粉与水按照一定比例混合，摇匀后，在沸水条件下蒸馏一定时间，直至不再有孜然精油蒸出为止。

(4) 冷凝：水蒸气与孜然精油经过冷凝水冷凝变为油水混合物，静置一定时间后，分离水相和油相，留取油相。

(5) 乙醚萃取：将冷凝后所得油相与无水乙醚按一定比例混合、摇匀，静置一定时间，无水乙醚将孜然精油从油相中萃取出来。

(6) 固液分离：将萃取后的乙醚和精油混合物离心或抽滤，去除沉淀，留取萃取液。

(7) 干燥：向固液分离后所得萃取液中加入一定量的无水硫酸钠，目的是去除萃取液中残余的水分。

(8) 蒸发浓缩：将经过无水硫酸钠干燥后的萃取液置于真空浓缩器中进行浓缩，去除萃取液中的有机溶剂。

(9) 避光包装：将浓缩后的黄色液体进行避光包装，即得孜然精油产品。

3) 结果

水蒸气蒸馏法所得孜然精油的提取率及成分因地域、孜然品种、成熟期、测定方法不同而有较大的差异。李伟等(2008)采用水蒸气蒸馏法提取孜然精油，精油提取率为 2.6%；用气相色谱-质谱(GC-MS)分析方法鉴定出孜然精油含有 28 种成分，其中枯茗醛占孜然精油总量的 39.51%，其次为 2-蒈烯-10-醛(17.71%)和 3-蒈烯-10-醛(17.54%)。李大强(2012)采用水蒸气蒸馏法提取了甘肃和新疆两地的孜然精油，提取率分别为 2.38%和 2.56%；采用 GC-MS 分析技术从甘肃精油中测出 31 种成分，鉴定出 27 种成分，从新疆精油中测出 27 种成分，鉴定出 23 种成分，两地精油的主要成分基本相同，均为枯茗醛、2-蒈烯-10-醛和 3-蒈烯-10-醛，含量和成分比较结果表明，新疆精油优于甘肃精油。

Behera 等(2004)分别采用水蒸气蒸馏法和微波萃取法制备孜然精油，提取率分别为 5.6%和 4.4%；采用 GC-MS 对这两种精油成分进行分析，结果显示，含量最多的成分是枯茗醛，其次是对伞花烃、γ-萜品烯、p-薄荷-1,4-二烯-7-醛和 p-薄荷-1,3-二烯-7-醛。Li 和 Jiang（2004）采用水蒸气蒸馏法、低沸点有机溶剂结合水蒸气蒸馏法和超临界 CO_2 萃取法分别提取孜然精油，并采用 GC-MS 从这三种方法得到的精油中鉴定出 45 种成分，并指出尽管提取方法不同，但是主要成分基本相同，分别为枯茗醛、藏花醛、2-亚甲基-6-甲基-3,5-庚二烯醛、α-丙基-苯甲醇、1-甲基-4-(1-甲基乙基)-1,4-环己二烯。Jalali-Heravi 等（2007）采用 GC-MS 结合光参量反射（OPR）、紫外光谱-多元曲线分辨-交替最小二乘法（UV-MCR-ALS）等测定分析方法鉴定出水蒸气蒸馏法提取的孜然精油含有 49 种成分，主要是 2-甲基-3-苯基-丙烯醛（32.27%）、γ-萜品烯（15.82%）和桃金娘烯醛（11.64%）。Moghaddam 等（2015）在孜然生长的四个阶段（幼果：孜然籽粒形成的初始阶段，绿色果实；中期阶段：果实形成的中间时期，有蜡质和较硬的外壳；预成熟籽粒；完全成熟的干燥籽粒）分别对孜然籽粒进行收集，采用水蒸气蒸馏法从四个阶段的孜然籽粒中提取精油，GC-MS 测定结果显示，从幼果中提取的孜然精油主要是单萜烯化合物，如 γ-萜品烯（40.87%）；中期阶段孜然精油的成分主要有 γ-萜品烯（34.81%）、β-蒎烯（14.12%）、枯茗醇（12.52%）、枯茗醛（10.29%）、藏花醛（8.59%）和 p-伞花烃（6.97%）；预成熟籽粒中提取孜然精油的主要成分为 γ-萜品烯（23.78%）、枯茗醛（19.72%）、β-蒎烯（12.85%）、p-伞花烃（11.56%）、枯茗醇（11.54%）和藏花醛（10.95%）；完全成熟的孜然籽粒中提取精油的主要成分为 γ-萜品烯（24.3%）、枯茗醛（21.07%）、p-伞花烃（16.56%）、β-蒎烯（13.74%）、藏花醛（12.95%）和枯茗醇（2.41%）。

2. 低沸点有机溶剂结合水蒸气蒸馏法

水蒸气蒸馏法提取孜然精油的效率低，能耗较大，不适用于大规模工业化生产，因此，有学者对低沸点有机溶剂结合水蒸气蒸馏法提取孜然精油进行了研究。该方法是指在提取孜然精油的过程中，首先采用低沸点有机溶剂对孜然粉进行浸提，经固液分离、蒸发浓缩得到孜然油树脂，然后采用水蒸气蒸馏法从孜然油树脂中进一步提取孜然精油。

1）工艺流程

孜然籽粒→粉碎→过筛→有机溶剂浸提→固液分离→蒸发浓缩→孜然油树脂→水蒸气蒸馏→冷凝→油水分离→干燥→避光包装→孜然精油。

2）主要操作步骤

（1）粉碎：孜然籽粒经风选、去杂后，称取一定质量的孜然籽粒，用万能粉碎机进行粉碎，粉碎速度为中速，时间为 1～2min。

（2）过筛：将粉碎好的孜然粉用不小于 70 目的筛网进行筛分，所得孜然粉备用。

（3）有机溶剂浸提：将过筛后的孜然粉与低沸点有机溶剂按一定比例混合、摇匀，在一定温度条件下回流浸提一定时间。

（4）固液分离：采用离心或抽滤法将浸提后的混合液进行分离，去除固体残渣，保留上清液。

（5）蒸发浓缩：将浸提得到的上清液置于真空浓缩装置上，40～45℃减压浓缩，去除有机溶剂，得到的深绿色浸膏即为孜然油树脂。

（6）水蒸气蒸馏：向孜然油树脂中通入一定量的水蒸气，在沸水浴条件下蒸馏一定时间，直至不再有孜然精油蒸出为止。

（7）冷凝：水蒸气与孜然精油经过冷凝水冷凝后变为油水混合物。

（8）油水分离：将油水混合物静置一定时间后，分离水相和油相，留取油相。

（9）干燥：向油相中加入一定量的无水硫酸钠，目的是去除残余的水分。

（10）避光包装：将浓缩后的黄色液体进行避光包装，即得孜然精油产品。

3）结果

侯旭杰和李明新（2006）采用低沸点有机溶剂结合水蒸气蒸馏法提取孜然精油，通过单因素试验和正交试验优化孜然精油的提取工艺，所得优化条件如下：孜然粉的粒度为70目，有机溶剂浸提时间为8h，浸提温度为33℃，固液比为1：4.5，该条件下孜然精油提取率为4.87%，有机溶剂残留量<3mg/kg，且精油提取率显著高于水蒸气蒸馏法（3.02%）。

3. 超临界 CO_2 萃取联合分子蒸馏法

由于超临界 CO_2 萃取法在提取精油的同时，能将孜然籽粒中的一些油脂和色素等物质提取出来，因此需要采用一定的手段对精油进行纯化。超临界 CO_2 萃取联合分子蒸馏法是指先采用超临界 CO_2 萃取法提取孜然精油，然后采用分子蒸馏技术对精油进行纯化。分子蒸馏技术是一种新型的用于液液分离的高新技术，它根据分子运动平均自由程的不同，实现对混合组分的分离。它是一种纯物理的方法，在高真空度下进行，分离温度很低，因此特别适合分离高挥发度、高分子量、高沸点、高黏度、热敏性和具有生物活性的物料（胡雪芳等，2010）。目前，分子蒸馏技术已广泛应用于香辛料中芳香成分的提取纯化，如广藿香油、山苍子油、八角精油、大蒜精油、地椒挥发油等。

1）工艺流程

孜然籽粒→粉碎→过筛→超临界 CO_2 萃取→收集孜然油树脂→分子蒸馏→冷凝→收集油分→避光包装→孜然精油。

2）主要操作步骤

（1）粉碎：孜然籽粒经风选、去杂后，称取一定质量的孜然籽粒，用万能粉碎机进行粉碎，粉碎速度为中速，时间为1～2min。

（2）过筛：将粉碎好的孜然粉用不小于 70 目的筛网进行筛分，所得孜然粉备用。

（3）超临界 CO_2 萃取：将孜然粉均匀填置在超临界 CO_2 萃取釜内，通入净化的 CO_2 并使其经过冷凝箱冷凝至流体，设置一定的萃取压力、萃取温度，萃取一定时间后，溶有孜然油树脂的 CO_2 经减压阀进入分离器，调节分离器的压力使 CO_2 汽化，孜然油树脂析出并沉积于分离釜底部经放油阀门放出收集。

（4）分子蒸馏：将收集的孜然油树脂放入分子蒸馏装置的进料瓶内，设置装置的蒸发温度和真空度，调节进料流速，精油组分从孜然油树脂中蒸发、冷凝后，进入收集瓶内。

（5）避光包装：将收集到的孜然精油进行避光包装，保存。

3）结果

Chen 等（2011）采用超临界 CO_2 萃取联合分子蒸馏法从新疆产孜然籽粒中提取孜然精油，其中，超临界 CO_2 萃取的工艺条件：压力为 35MPa，CO_2 流速为 25kg/h，分离压力为 6MPa，分离温度为 50℃，提取时间为 2h；刮膜式分子蒸馏的工艺条件：蒸馏温度为 70℃，进料流速为 1～2 滴/s，刮膜转速为 259r/min，真空度为 120Pa；在此条件下孜然精油的产量为 35.14%；此外，采用半制备型高速逆流色谱法（HSCCC）对孜然精油进行分离纯化，得出该方法提取孜然精油中枯茗醛的含量为 25.44%。胡雪芳等（2010）采用超临界 CO_2 萃取联合分子蒸馏法从孜然中提取精油，结果表明，经分子蒸馏纯化后，产品由纯化前黏稠的深棕色油树脂变为流动性良好的金黄色透明液体，并具有浓郁的孜然特征香气；精油中枯茗醛含量由 11.48% 提高至 30.30%；采用 GC-MS 和双柱复检法从精油中鉴定出 39 种成分，主要的呈香物质有 β-蒎烯、p-伞花烃、γ-萜品烯和枯茗醛。

4. 微波辅助萃取法

微波辅助萃取是一种很有发展潜力的新型萃取技术。研究表明，微波对萃取体系中某些组分的高效选择性加热造成了微波对萃取过程的促进作用，该技术的优点是节省萃取时间和所用的萃取溶剂，产物收率高（赵华等，2006）。微波无溶剂提取孜然精油主要是利用新鲜植物材料中的水分或者干材料先前润湿的水分来吸收微波能，从而提取其中的挥发性成分，是一项简单、迅速而且经济的绿色工艺。

1）工艺流程

孜然籽粒→粉碎→过筛→浸泡→微波提取→静置→收集油分→避光包装→孜然精油。

2）主要操作步骤

（1）粉碎：孜然籽粒经风选、去杂后，称取一定质量的孜然籽粒，用万能粉碎机进行粉碎，粉碎速度为中速，时间为 1～2min。

(2)过筛：将粉碎好的孜然粉用一定目数的筛网进行筛分，所得孜然粉备用。

(3)浸泡：将孜然粉与水按照一定比例混合后，浸泡一段时间，使孜然粉吸收足够的水分。

(4)微波提取：将浸泡后的孜然粉与水按照一定比例混合摇匀后，置于微波加热装置内，调节微波功率，设置一定的提取时间，直至观察到精油量不再增加为止。

(5)静置、收集油分、避光包装：将收集到的孜然精油静置一段时间，收集油分，避光包装后，即得孜然精油。

3)结果

微波辅助萃取法所得孜然精油的提取率、纯度和成分因孜然粉粒度、浸泡时间、微波功率和萃取时间的不同而有较大差异。杨艳等（2009）以精油提取率为考核指标，研究了粉碎粒度、浸泡时间、微波功率和微波提取时间对精油得率的影响，结果显示，当孜然粉的粉碎粒度达到40目时，精油提取率达到最高，若粉碎粒度进一步提高，精油提取率反而下降，这主要是因为孜然粉粒度过小，容易造成结块现象，并且在粉碎过程中可能有部分精油已经渗透出来；浸泡时间在2h时，精油提取率达到最大，当浸泡时间进一步延长，精油提取率的增幅不大；当微波功率超出250W或微波提取时间多于60min时，孜然会出现焦化现象，产生焦煳味；通过单因素试验和正交试验，确定微波萃取孜然精油的最佳工艺条件：浸泡时间为30min，微波提取时间为45min，微波功率为200W。在此条件下孜然精油提取率为2.46%，枯茗醛含量为23.91%。

5. 微波辅助水蒸气蒸馏法

微波辅助水蒸气蒸馏法是在微波萃取之前，将孜然粉与水按照一定比例混合后，置于微波装置中，借助微波对蒸馏过程的促进作用，提高精油提取率。

1)工艺流程

孜然籽粒→粉碎→过筛→加水混匀→微波提取→静置→收集油分→避光包装→孜然精油。

2)主要操作步骤

(1)粉碎：孜然籽粒经风选、去杂后，称取一定质量的孜然籽粒，用万能粉碎机进行粉碎，粉碎速度为中速，时间为1~2min。

(2)过筛：将粉碎好的孜然粉用一定目数的筛网进行筛分，所得孜然粉备用。

(3)加水混匀：将孜然粉与水按照一定比例混合摇匀，备用。

(4)微波提取：将孜然粉与水制成的混合液置于微波加热装置内，调节微波功率，设置一定的提取时间，直至观察到精油量不再增加为止。

(5)静置、收集油分、避光包装：将收集到的孜然精油静置一段时间，收集油分，避光包装后，即得孜然精油。

3）结果

杨艳等（2009）以精油提取率为考核指标，研究了粉碎粒度、固液比、微波功率和微波提取时间对精油提取率的影响，通过单因素试验和正交试验确定微波辅助水蒸气蒸馏法制备孜然精油的最佳工艺条件：固液比为 1∶6，微波提取时间为 90min，微波功率为 300W；该条件下精油提取率为 3.50%，精油中枯茗醛含量为 19.12%；固液比过低，易发生结块焦化现象，固液比过高，增加能耗和时间，液面厚度在一定程度上也会影响微波的吸收；当微波功率超过 300W 时，精油提取率下降，溶液中的某些物质也可能发生氧化分解；提取时间增长，精油提取率增长平缓，这可能是由于水滴密度的加重使精油发生断层现象，影响试验结果，同时增大能耗。此外，杨艳等也对比了水蒸气蒸馏法、微波辅助萃取法和微波辅助水蒸气蒸馏法对孜然精油提取效果的影响，结果发现，与水蒸气蒸馏法相比，微波辅助萃取法和微波辅助水蒸气蒸馏法显著缩短了精油的提取时间，提高了精油的提取率，但是对精油的质量没有太大影响；与微波辅助水蒸气蒸馏法相比，微波辅助萃取法可以节省加热水的能耗，因此需要较小的微波功率和较短的加热时间。

1.1.2　孜然精油的生物活性

1. 抑菌活性

孜然精油的抑菌活性主要指孜然精油对细菌（如大肠杆菌、金黄色葡萄球菌、沙门氏菌）、真菌（如酵母菌）等具有的增殖抑制作用（Bourgou et al.，2010；Viuda-Martos et al.，2008；De Martino et al.，2009）。国内外学者对孜然精油的抗菌活性也进行了广泛的研究。例如，Kivanc 等（1991）的体外研究表明，300ppm（1ppm=10^{-6}mg/L）或 600ppm 孜然精油对植物乳杆菌的生长具有抑制作用。Lacobellis 等（2005）考察了储存 36 年的孜然种子提取的精油（10%和 20%）对革兰氏阳性菌、革兰氏阴性菌、霉菌和酵母菌的抑菌活性，结果发现，其对黑曲霉、酿酒酵母、白色念珠菌、枯草芽孢杆菌和金黄色葡萄球菌的增殖仍具有良好的抑制作用，对大肠杆菌的抑菌活性较弱，对铜绿假单胞菌没有抑菌活性。Derakshan 等（2007）采用肉汤稀释法发现孜然精油对肺炎克雷伯氏菌 ATCC13883 和临床型肺炎克雷伯氏菌具有抑制作用，可以改善其细胞形态，减少囊状体的产生，并降低脲酶的活性；孜然精油能够减少变异链球菌、酿脓链球菌和肺炎克雷伯氏菌菌膜的形成，从而抑制该类细菌的增殖（Singh et al.，2005；Derakhshan et al.，2007）。Viuda-Martos 等（2008）探讨了不同浓度（100%、50%、25%、10% 和 5%）的孜然精油溶液对乳杆菌、乳酸菌、肉葡萄球菌、木糖葡萄球菌和肠杆菌的抑菌作用，发现孜然精油对上述五种细菌的增殖均有明显的抑制效果，且其抑菌作用与浓度呈显著的正相关关系。Allahghadri 等(2010)探讨了未经稀释的孜然精油和稀释 2 倍、4 倍、8 倍的孜然精油对致病菌的抑制作用，发现孜然精油在稀释前后均对大肠杆菌、金黄色葡萄球菌和肠球菌有明显的抑制作用，当用孜然精油处理 30min、90min 和 120min 时，这三种致病菌的死亡率均达到了 100%，这说明大肠杆菌对孜然精油的敏感性最高；而铜绿假单胞菌和肺炎克雷伯氏菌对孜然精油有一定的抗性。

李伟等(2008)采用水蒸气蒸馏法从孜然中提取精油，并对比了孜然精油与蒸馏后残渣有机溶剂萃取物的抗菌活性，结果表明，孜然精油的抗菌活性显著高于残渣有机溶剂萃取物的抗菌活性，且孜然精油抑菌活性大小为：米曲霉＞枯草芽孢杆菌＞黑曲霉＞白色葡萄球菌＞大肠杆菌＞根霉。胡林峰等(2007)对孜然精油的杀菌活性成分进行了跟踪分离和活性鉴定，结果表明，孜然精油中主要的杀菌活性成分为枯茗醛和枯茗酸，用菌丝生长速率法测定两种活性成分对油菜菌核病菌和辣椒疫霉病菌的毒力，其中枯茗醛对两种病菌的 EC_{50} 值分别为 2.09mg/L 和 15.40mg/L，枯茗酸对两种病菌的 EC_{50} 值分别为 7.29mg/L 和 19.66mg/L，枯茗酸抑菌活性显著高于枯茗醛。陈从珍(2009)的研究结果显示，孜然精油中的活性成分枯茗酸可以抑制辣椒疫霉病菌游动孢子萌发和菌丝生长，从扫描电镜图可以观察到，经枯茗酸处理后，辣椒疫霉病菌菌丝分枝增多、表面不光滑、有不规则膨大、生长点密集，辣椒疫霉病菌孢子囊表面有不规则凹陷、无孢子囊萌发、部分孢子囊已经塌陷形成空壳；从透射电镜图可以看到，经过枯茗酸处理后，辣椒疫霉病菌菌丝细胞壁不规则加厚、颜色加深、脂肪粒增加、线粒体数量减少且内嵴解体、在脂肪粒的内膜上有颜色很深的物质、菌丝原生质有所收缩、亚细胞结构不明显。刘冰(2013)采用索氏抽提法和低沸点有机溶剂萃取法从孜然中提取精油，并对孜然精油的抑菌活性进行分析，结果显示，孜然精油中的抑菌活性成分主要是枯茗醛，且抑菌活性具有一定的选择性，对大肠杆菌具有很强的抑制作用，而对金黄色葡萄球菌的抑制作用极小，这对于孜然精油应用于肠道感染方面给予启迪。上述研究表明，孜然精油可用于医药行业(消毒剂或防腐剂)，但也需要进行体内试验以确定它的药用特性和潜在毒性(Derakhshan et al.，2010)。聂莹等(2013)利用水蒸气蒸馏法所得孜然精油处理易引起马铃薯、苹果、哈密瓜、甜瓜和葡萄霉变的致病菌，如晚疫病菌、扩展青霉、茄腐镰刀菌和匍枝根霉，结果显示，孜然精油对晚疫病菌、扩展青霉、匍枝根霉和茄腐镰刀菌均具有明显的抑制作用，最小抑菌浓度分别为 0.04%、0.06%、0.03%和 0.03%，此外，孜然精油可以抑制扩展青霉和匍枝根霉的孢子萌发，最小抑制浓度分别为 0.016%和 0.08%，该结果为孜然精油应用于果蔬储存、保鲜提供了理论依据和基础。

2. 杀虫活性

储粮害虫不仅造成粮食数量的减少，还降低了粮食的食用加工品质，缩短了仓房储存时间；此外，还会传播致病微生物，危害消费者的健康（Madrid et al.，1990；程小丽等，2010）。虽然采用人工合成的化学防护剂和熏蒸剂可有效控制储粮害虫，但是化学药剂有致癌、致畸和高残留性，容易污染环境、破坏生态平衡、危害人类健康，因此，许多欧美国家颁布了相关法规，明确限制了多种常规杀虫剂的使用。此外，一些危害重要经济作物的害虫已对许多常规杀虫剂产生了抗药性，促使人们将目光转向自然界中存在的天然杀虫物质，并且已经发现了一些植物来源的化合物对储粮害虫具有高效的驱避或杀灭作用。国内外已有相关学者研究了植物性精油的抗虫、杀虫活性，这使开发低毒、高效、绿色的新型杀虫剂成为可能。

国内外对孜然精油的杀虫活性也有相关报道。Purohit 等（1983）研究发现，孜然精油在 50%～100%的含量时对埃及伊蚊具有一定的毒杀作用，但对家蝇和棉红蜘均没有活性。Tunc 等（2000）研究了孜然精油熏蒸剂对四种储粮害虫幼卵的杀灭效果，结果显示，孜然精油熏蒸剂浓度为 2μL/L 时，对棉蚜雌虫、杂拟谷盗和红叶螨的致死率为 100%；当孜然精油熏蒸剂的浓度为 98.5μL/L 时，对面粉蛾幼卵的 LT_{99} 值为 127h。

刘文妮等（2014）研究评价了孜然精油主要活性成分枯茗醛、孜然精油及其微胶囊对玉米象和杂拟谷盗两种储粮害虫的熏蒸效果，结果显示，三种熏蒸剂对杂拟谷盗具有相同的影响趋势，即熏蒸剂浓度越大，熏蒸时间越长，杂拟谷盗的死亡率越高，熏蒸效果越好；其中孜然精油的熏蒸效果最好，当孜然精油浓度为 15μL/L、熏蒸 8h 时，杂拟谷盗的死亡率高达 91.67%，熏蒸 24h 对杂拟谷盗的致死率基本达到 100%；枯茗醛的熏蒸效果次之，当枯茗醛浓度为 25μL/L、熏蒸 24h 时，杂拟谷盗的死亡率可达 86.67%；孜然精油微胶囊的熏蒸效果最差，浓度为 800mg/L 的微胶囊熏蒸 48h 后，杂拟谷盗的死亡率仅有 68.33%；值得注意的是，微胶囊是一个缓释体系，虽然空间中的熏蒸成分浓度和数量均低于孜然精油，但可通过增大熏蒸剂的浓度和延长熏蒸时间来改善熏蒸效果。此外，相同培养条件下，三种熏蒸剂对玉米象总体的熏蒸效果为孜然精油＞枯茗醛＞孜然精油微胶囊，且随着浓度的增大和熏蒸时间的延长，各种熏蒸剂的杀虫效果差异显著，浓度为 15μL/L 的孜然精油在熏蒸 24h 后，对玉米象的致死率可达 100%；枯茗醛浓度为 25μL/L、熏蒸 24h 后，玉米象的死亡率也高达 98.33%，但不及孜然精油；孜然精油微胶囊浓度为 200mg/L、熏蒸 48h 后，玉米象的死亡率为 90.00%。沈科萍等（2015）研究了孜然精油对杂拟谷盗的熏蒸效果及其代谢酶活性的影响，结果表明，当孜然精油的浓度为 30μL/L、处理时间 24h 时，杂拟谷盗的死亡率达 95%，且死亡率与孜然精油的浓度和熏蒸时间呈显著正相关关系；经孜然精油熏蒸后，杂拟谷盗中乙酰胆碱酯酶活性在 8h 时出现最高值，解毒酶系中的酸性磷酸酯酶活性呈现先下降后升高的趋势，碱性磷酸酯酶、羧酸酯酶活性明显高于未熏蒸组，且这两种酶活性均呈现升高的趋势，谷胱甘肽 S-转移酶的酶活性显著降低，由此可以看出，孜然精油对杂拟谷盗良好的熏蒸效果是通过影响试虫体内的神经解毒和保护酶系来实现的。

3. 抗氧化活性

抗氧化活性主要指孜然精油具有显著的清除羟基自由基、DPPH 自由基和抑制脂质过氧化物的活性(Bettaieb et al., 2010; Topal et al., 2008; Reddy and Lokesh, 1992),已有大量试验表明孜然精油具有很好的抗氧化活性。Leung(1980)指出,孜然中溶于石油醚的组分具有一定的抗氧化活性,可以抑制猪油中过氧化物的产生。Krishnakantha 和 Lokesh 等(1993)研究指出,孜然具有清除超氧阴离子自由基的作用,发挥该作用的主要物质为枯茗醛。Gagandeep 等(2003)研究表明,在饮食中添加 2.5%和 5%的孜然精油可以提高小鼠肝脏中抗氧化酶、谷胱甘肽的水平,从而发挥其抗氧化作用;Satyanarayana 等(2004)采用体外试验研究证实,孜然精油抑制羟基自由基和脂质过氧化的能力均高于抗坏血酸,这说明孜然是一种良好的食品抗氧化剂。Allahghadri 等(2010)测定了孜然精油的总酚含量为 33.43μg 没食子酸当量/mg 精油,并通过 DPPH 自由基清除活性、三价铁离子还原活性、β-胡萝卜素漂白试验来评价孜然精油的抗氧化能力。结果显示,当孜然精油的浓度为 100%、50%和 25%时,对 DPPH 自由基的清除能力分别为 43.85%、32.92%和 10.77%,但是当孜然精油的浓度为 2%时,则对 DPPH 自由基没有明显的清除能力,浓度为 100%和 50%的孜然精油对 DPPH 自由基的清除能力高于 1mmol/L 的二丁基羟基甲苯(BHT)和丁基羟基茴香醚(BHA);β-胡萝卜素漂白试验的结果显示,50μL、20%的孜然精油添加到 5mL、0.004%的 DPPH 乙醇溶液中,经过 30min、60min、90min 和 120min 后,抗氧化活性系数随着作用时间的延长而下降,范围为 496.18～827.98,但均高于 BHT 和 BHA 的抗氧化活性系数;每天给小鼠喂 100μL 孜然精油,测定小鼠血清中三价铁离子的还原活性比空白对照提高了 182.34%;上述结果说明,孜然精油有良好的抗氧化活性。Chen 等(2014)采用超临界 CO_2 萃取联合分子蒸馏法提取孜然精油,所得孜然精油中总酚含量为 33mg 没食子酸当量/mg 精油,抗氧化活性测定结果显示,孜然精油可以很好地抑制脂质过氧化反应,且抗氧化活性与 BHT 的效果相当;孜然精油中所含活性成分的 DPPH 自由基清除活性由小到大依次为: p-伞花烃＞β-蒎烯＞枯茗醛＞γ-萜品烯。Moghaddam 等(2015)从四种不同成熟度的孜然籽粒(幼果:孜然籽粒形成的初始阶段,绿色果实;中期阶段:果实形成的中间时期,有蜡质和较硬的外壳;预成熟籽粒;完全成熟的干燥籽粒)中提取精油,并分析其抗氧化活性,结果显示,中期和预成熟孜然籽粒中提取的精油有最强的 DPPH 自由基清除活性,其 IC_{50} 值分别为 5.61mg/mL 和 7.91mg/mL,其次为完全成熟籽粒(IC_{50} 值为 9.43mg/mL),幼果中提取精油的 DPPH 自由基清除活性最小,为 13.59mg/mL;中期和预成熟孜然籽粒中提取的精油也具有较高的三价铁离子的还原活性,分别为 132.00μmol Fe^{2+}/mg 精油和 120.98μmol

Fe^{2+}/mg 精油，其次为完全成熟籽粒（106.00μmol Fe^{2+}/mg 精油），幼果中提取精油的三价铁离子的还原活性最小（89.32μmol Fe^{2+}/mg 精油）；此外，四个成熟度孜然籽粒中提取精油的 DPPH 自由基清除活性和三价铁离子的还原活性均小于 BHT。

陆占国等（2008）采用水蒸气蒸馏法提取孜然精油，并分析精油和残渣萃取物对 DPPH 自由基的清除活性，结果表明，孜然精油对 DPPH 自由基的清除活性随浓度的增大而增大，当精油用量超过 0.35mL 时，其对 DPPH 自由基的清除能力趋于稳定，最大清除率为 93.50%；而残渣萃取物清除 DPPH 自由基能力大小顺序为：甲醇＞乙醇＞丙酮，最大清除率分别为：甲醇 89.7%～89.9%、乙醇 86.5%～86.9%、丙酮 69.3%～69.5%，这说明残渣也具有抗氧化活性，是具有再利用开发价值的宝贵资源。李大强（2012）采用 DPPH 自由基清除能力、ABTS 自由基清除能力、还原能力、羟基自由基清除能力、超氧阴离子自由基清除能力及抑制亚油酸脂质过氧化能力六个指标评价孜然精油的抗氧化活性，结果显示，孜然精油对 DPPH 自由基具有较弱的清除作用，随着孜然精油用量的增加清除作用逐渐增强，当用量为 6.0mg/mL 时，对 DPPH 自由基的清除率达到 42.12%，但是继续增加用量，对 DPPH 的清除率没有大幅度增加，当孜然精油浓度为 2%时，其 DPPH 自由基清除能力远低于 2%的 BHT 和维生素 C 对 DPPH 自由基的清除能力；孜然精油对 ABTS 自由基的清除能力随着精油浓度的增加而增加，呈显著的正相关关系，当孜然精油用量为 2.0mg/mL 时，对 ABTS 自由基的清除率达到 9.82%，而 BHT 和维生素 C 对 ABTS 自由基的清除率分别为 73.17%和 62.20%，这表明孜然精油对 ABTS 的清除能力比 BHT 和维生素 C 弱，清除能力顺序为：BHT＞维生素 C＞孜然精油；孜然精油和 BHT、维生素 C 还原力能力随浓度的增加而增加，且整个体系的抗氧化性为 BHT＞维生素 C＞孜然精油；孜然精油清除羟基自由基的能力高于 BHT 和维生素 C，这说明天然抗氧化剂比合成抗氧化剂的羟基自由基的清除能力更高，清除效果更好，且清除能力与溶液浓度呈正比例关系，当孜然精油浓度为 $5×10^{-5}$mg/mL 时，清除率可达 87.87%；孜然精油在浓度为 1.0mg/mL 时，超氧阴离子自由基的清除率为 56.64%，低于 BHT（70.65%）和维生素 C（91.24%）；孜然精油、BHT 和维生素 C 都表现出一定的抑制亚油酸脂质过氧化的能力，但孜然精油抑制亚油酸脂质过氧化的能力比 BHT 和维生素 C 弱；上述试验表明，植物精油作为天然抗氧化剂用于食品生产、加工和储存是可行的。

4. 降血糖活性

国内学者对孜然精油降血糖活性的研究报道不多，国外学者多年前就对孜然精油的降血糖活性进行了报道。Roman-Ramos 等（1995）采用水蒸气蒸馏法提取孜然精油，并对比孜然精油与降血糖药物甲糖宁对 27 周成年新西兰兔子的降血糖作用，葡萄糖耐受性试验结果表明，饲喂孜然精油的兔子在摄入葡萄糖 300min 后，血糖浓度为 84.7mg/dL，与空白对照组(114.8mg/dL)相比，血糖浓度降低了26.20%，甲糖宁组(79.3mg/dL)与空白对照组相比，血糖浓度降低了 30.90%，该结果说明，孜然精油的降血糖效果与降糖药物相似。Dhandapani 等(2002)采用四氧嘧啶诱导大鼠形成糖尿病模型，并从血糖、血脂、炎症因子和病理切片等角度评价孜然精油的降血糖活性(6 周)，结果显示，与糖尿病模型鼠(236.57mg/dL)相比，口服孜然精油(0.25g/kg 体重)的大鼠血糖浓度为 82mg/dL，孜然精油使血糖含量降低了 65.60%，而降血糖药物格列本脲使大鼠的血糖浓度降低了 56.30%，这说明孜然精油具有更好的降血糖效果；此外，孜然精油也可以提高大鼠血浆中血红蛋白和糖化血红蛋白的浓度，显著地降低糖尿病模型鼠血浆和肝脏组织中胆固醇、磷脂、游离脂肪酸和甘油三酯的浓度，病理切片结果显示，摄入孜然精油后，糖尿病大鼠胰岛细胞的脂肪变性程度和小灶性炎细胞浸润现象得到了明显的改善。Lee(2005)采用水蒸气蒸馏法提取孜然精油，并用 GC-MS 从孜然精油中鉴定分离出 11 种物质，还分别考察了枯茗醛、菖蒲二烯、p-伞花烃、β-蒎烯、γ-萜品烯、3-蒈烯、丁香油烃、桧烯等对 4 周龄 SD 大鼠小肠内醛糖还原酶和 α-葡萄糖苷酶的作用，结果显示，只有枯茗醛对这两种酶有良好的抑制作用，其 IC_{50} 值分别为 0.00085mg/mL 和 0.5mg/mL。Talpur 等(2005)将葫芦巴精油、孜然精油、肉桂精油、牛至精油、南瓜子精油等进行混合后，按照每次 2 滴的摄入量饲喂 Zuker 肥胖大鼠，25d 后评价上述精油混合物对肥胖大鼠体重和胰岛素抵抗的影响，结果发现，与摄入水的肥胖大鼠相比，摄入精油混合物可以使肥胖大鼠的收缩压有下降趋势，为 11～17mmHg(1mmHg=1.33322×10^2Pa)，而摄入水的肥胖大鼠的收缩压为 16～20mmHg；精油混合物可以使肥胖大鼠的空腹血糖水平由 233mg/dL 下降至 180mg/dL；葡萄糖耐量试验结果显示，摄入精油混合物后，肥胖大鼠在口服葡萄糖 3h 内血浆中葡萄糖浓度显著低于摄入水的肥胖大鼠，这说明精油混合物可以提高肥胖大鼠的胰岛素敏感性并改善葡萄糖耐量。此外，孜然精油还能够降低血液和组织(肝脏、肾脏)中胆固醇、磷脂、游离脂肪酸和甘油三酯(继发于糖尿病)的水平，从而缓解高脂血症等并发症，这是由于孜然精油能够抑制天冬氨酸转氨酶(AST)、碱性磷酸酶(ALP)和 γ-谷氨酰转移酶(GGT)的活性(Kumar et al.，2009)。因此，孜然精油已经作为治疗糖尿病药物的一种成分，并经人体试验证明具有良好的药效。

5. 防癌抗癌活性

国内对孜然精油防癌抗癌的研究起步较晚，而国外已有多篇文献报道孜然精油具有一定的防癌抗癌活性。孜然精油能够抑制苯并芘(BaP)诱导的大鼠前胃肿瘤细胞(抑制率可达 79%)、3-甲基胆蒽(MCA)诱导的宫颈肿瘤细胞及二甲基氨基偶氮苯诱导的肝癌的形成，这主要是因为孜然精油能够增强细胞色素 P450 还原酶、细胞色素 b5 还原酶、谷胱甘肽 *S*-转移酶和 DT-心肌黄酶的活性(Gagandeep et al.，2003；Aruna and Sivaramakrishnan，1992)。在大鼠膳食中添加一定量的孜然精油可以抑制结肠癌的形成。Nalini 等(2006)研究发现，膳食中添加孜然精油可以抑制由结肠靶向致癌物 1,2-二甲基肼(DMH)诱导的大鼠结肠癌的形成，并且粪便中胆汁酸及中性胆固醇含量显著增加；此外，由于 *β*-葡萄糖醛酸酶能够促进葡糖酸酐偶联物的水解，释放出毒素，黏多糖酶会促进结肠中具有保护作用的黏蛋白的水解，最终可能诱发结肠癌，而孜然精油能够显著地降低 *β*-葡萄糖醛酸酶和黏多糖酶的活性，从而对结肠具有保护作用，抑制结肠癌的形成。组织病理学研究也指出，摄入孜然精油后大鼠结肠细胞有较少的乳状突起，黏膜下层渗透物的含量也有所减少；也有很多研究说明，孜然精油在靶组织中具有潜在的抗氧化活性，可以降低小肠、结肠和盲肠中脂质过氧化产物的生成，增加超氧化物歧化酶(SOD)、过氧化氢酶、谷胱甘肽还原酶和还原型谷胱甘肽的水平(Aruna et al.，2005；Wattenberg，1990；Wattenberg et al.，1990)；Al-Batania 等(2003)采用伤寒沙门氏菌(TA100)进行复原突变，结果表明孜然精油本身不具有致癌性。

6. 保鲜作用

　　国内已有学者对孜然精油在肉制品和果蔬储存保鲜中的应用进行了相关报道。侯坤和程玉来(2013)用质量浓度为 0mg/mL、25mg/mL、50mg/mL 和 75mg/mL 的孜然精油对冷却猪肉进行涂膜处理，并采用聚乙烯(PE)有氧包装形式，以 pH、挥发性盐基氮(TVB-N 值)、硫代巴比妥酸(TBA)、色差值和细菌总数为考察指标，评价孜然精油对冷却猪肉的保鲜效果，结果显示，孜然精油对冷却猪肉的保鲜效果随精油质量浓度不同而有较大的差异，孜然精油质量浓度为 50mg/mL 和 75mg/mL 时，对冷却猪肉的保鲜效果无显著差异，综合考虑成本和经济效益等因素，利用 50mg/mL 的孜然精油处理冷却猪肉效果最佳，能使猪肉在(4±1)℃条件下保存至 14d。马修钰等(2016)以鲜切网纹瓜为试验研究对象，在自制聚乳酸(PLA)/淀粉可降解托盘上涂布孜然保鲜液并覆膜保鲜网纹瓜，以未涂布保鲜液托盘为对照，以感官评价、失重率、硬度、腐烂率、可溶性固形物和维生素 C 含量等保鲜指标来评价孜然保鲜液对鲜切网纹瓜的保鲜效果，结果显示，储存期内，托盘涂抹孜然保鲜液组网纹瓜样品的感官评价得分均比对照组高，其储存 48h 的感官评价得分比对照组储存 36h 的评分还要高；随着储存时间的延长，两组网纹瓜的失重率不断增加，而托盘涂抹孜然保鲜液的网纹瓜失重率较低；两组样品网纹瓜的硬度、总酸含量、维生素 C 含量均一直呈下降的变化趋势，但经孜然保鲜液处理后网纹瓜的硬度、总酸含量和维生素 C 含量降低幅度较小；上述结果表明，孜然保鲜液起到了显著的抑菌保鲜效果，这为孜然精油应用于果蔬的储存保鲜提供了一定的理论支持。

7. 孜然精油的其他活性

除上述活性之外,孜然精油也具有促消化、刺激雌激素分泌、缓解消化不良、改善肠道环境等作用(Milan et al., 2008; Shirke et al., 2008; Khayyala et al., 2001; Vasudevan et al., 2000),还具有清除亚硝酸钠、预防癫痫等作用。陆占国等(2009)分析了水蒸气蒸馏法所得孜然精油和残渣有机溶剂提取物对亚硝酸钠的消除作用,发现孜然精油具有明显的清除亚硝酸钠的作用,且与孜然精油的浓度有关,当孜然精油的用量为 0.2mL 时,清除亚硝酸钠的能力达到最大,为 92.5%,推测这与精油中的萜类化合物,尤其是萜醛的存在有关;水蒸气蒸馏后残渣丙酮、甲醇和乙醇萃取物的亚硝酸钠清除活性分别为 71.1%、58.7% 和 45.5%,这进一步说明提取精油后的孜然残渣也具有一定的生物活性,而它对亚硝酸钠的清除机理有待于进一步研究。孜然精油对大蜗牛中由戊四唑诱导的癫痫病具有抑制作用,且呈剂量依赖性关系(Haghparast et al., 2008)。

1.1.3 孜然精油的应用

1. 纳米凝胶

Zhaveh 等(2015)用壳聚糖和咖啡酸包裹孜然精油制备纳米凝胶,并考察其对黄曲霉的抗菌效果,结果显示,在 1 周内,纳米凝胶中的孜然精油可以释放 78% 左右,显著低于未密封孜然精油的挥发率;未密封孜然精油和纳米凝胶中孜然精油抑制黄曲霉增殖的最低浓度分别为 650ppm 和 350ppm,该结果说明纳米凝胶可显著提高孜然精油的抗菌活性和稳定性,并且纳米凝胶中的孜然精油在较低浓度下即可发挥抗菌作用。因此,可将孜然精油制备成纳米凝胶,作为缓释分子应用于抗菌剂、抑菌剂和杀虫剂的生产中,不仅可以节省孜然精油的使用量,而且可以提高孜然精油的杀菌、抑菌和抗虫效果;也可以将含有孜然精油的纳米凝胶涂抹在肉制品、水果和蔬菜的表面,利用其缓释特点达到长期保鲜的作用。

2. 微胶囊

李新明等(2005)采用喷雾减压冷冻干燥法生产孜然精油微胶囊,通过单因素试验和正交试验确定了孜然精油微胶囊的最优工艺参数:壁材的最佳组合与质量比为麦芽糊精:酪朊酸钠:阿拉伯胶=3∶1∶5,芯材占壁材的 45%,最佳均质压力与均质次数分别为 50MPa 和 3 次;喷雾减压冷冻干燥微胶囊生产工艺最佳参数:干燥剂(无水乙醇)与乳化液体积比为 7.5∶1,真空度为 76kPa,冷冻温度为−20℃,冷冻时间为 11min;此条件下所得微胶囊表面结构光滑完整、内部结构比较致密、过氧化值较低,这说明该方法可以保证孜然精油的质量和使用期限。刘文妮等(2014)以 β-环糊精和麦芽糊精为壁材,采用真空抽滤法包埋制备孜然精油微胶囊,通过四因素三水平响应面试验设计确定了最佳微胶囊制备工艺参数:β-环糊精与麦芽糊精比为 8：2(g/g)，固形物质量浓度为 40g/100mL，芯材与壁材比为 1：5(mL/g)，包埋时间为 55min，该条件下孜然精油的包埋效率可达 97.68%，由此表明，芯材与壁材的复合使用可以提高包埋效率，低温条件下的包埋方法可以明显地降低精油的挥发、增强稳定性、防止氧化。因此，可以将孜然精油制备为微胶囊，克服孜然精油在储存和使用过程中易挥发、化学性质不稳定、易氧化、溶解度差、分散不均匀、携带不方便等缺陷，从而使其更好地发挥抗菌、抑菌、杀虫和抗氧化活性，这对经济效益和环境效益都将产生积极的作用。

3. 香辛料复配剂

杨柳和陈宇飞(2016)将孜然精油与山梨糖醇以 1：4 比例复配，应用到发酵香肠的制作工艺中，并与普通发酵香肠进行对比，结果发现，复配香肠发酵期间水分含量较高、水分活度较低且相对稳定，产品中水分含量较高且分布均匀，产品具有较好的保水性，菌落总数明显低于普通香肠，感官评分显示复配香肠的品质优于普通香肠。这说明孜然精油可与其他亲水性胶体复配作为复合型添加剂应用到肉制品加工中，起到保水、保油、增加香气成分、延长保鲜期等作用。

1.2　孜然油树脂

孜然中除含有挥发性的精油之外，也含有丰富的脂肪，总油脂量约为干重的14.5%，是提取油树脂的重要香料作物。分析表明，孜然脂肪中 84.8%为中性油脂，10.1%为糖脂，5.1%为磷脂，其中中性油脂以甘油三酯含量最高(约为89.4%)，糖脂的主要成分为酰基单半乳糖甘油二酯和酰化葡萄糖甾苷，磷脂的主要成分是磷脂酰乙醇胺和磷脂酰胆碱；并且孜然含有丰富的不饱和脂肪酸，主要为油酸、岩芹酸和亚油酸(Hemavathy and Prabhakar，1988)。吴素玲等(2011)测定了不同产地孜然中粗脂肪含量为 14.87%~23.25%，其中阿克苏、喀什、巴依阿瓦提乡、铁热木乡、焉耆所产孜然的粗脂肪含量超过 20%。孜然油树脂是一种深绿色的浸膏状产品，其中含有 30%~50%的挥发性精油，此外，也含有非芳香性的脂肪、树脂、蜡、色素和一些抗氧化成分等。目前，制备孜然油树脂的方法主要包括有机溶剂萃取法、超临界 CO_2 萃取法、亚临界萃取法等。

1.2.1　孜然油树脂的制备工艺

1. 有机溶剂萃取法

有机溶剂萃取法是指采用石油醚、正戊烷、乙醚、正己烷、二氯甲烷、乙酸乙酯等低沸点有机溶剂和高沸点有机溶剂对孜然粉进行萃取，经固液分离、减压蒸发回收有机溶剂后，所得深绿色浸膏即为孜然油树脂。该方法所需设备简单，操作方便，工艺简单，可大规模地应用于工业化生产。此外，值得注意的是，有机溶剂萃取法属于固液萃取过程，作为提取油树脂的溶剂需具备对油脂的选择性好和溶解度好、物理化学性质稳定、无腐蚀性、无毒性、易回收、无残留、价格低廉、来源广泛等特点。

1) 工艺流程

孜然籽粒→粉碎→过筛→有机溶剂浸提→固液分离→减压蒸发有机溶剂→深绿色浸膏→避光包装→孜然油树脂。

2) 主要操作步骤

(1) 粉碎：孜然籽粒经风选、去杂后，称取一定质量的孜然籽粒，用万能粉碎机进行粉碎，粉碎速度为中速，时间为 1～2min。

(2) 过筛：将粉碎好的孜然粉用一定目数的筛网进行筛分，所得孜然粉备用。

(3) 有机溶剂浸提：将过筛后的孜然粉与低沸点有机溶剂和/或高沸点有机溶剂，如乙醇、石油醚、正戊烷、乙醚、正己烷、二氯甲烷、乙酸乙酯等，以一定的比例混合摇匀，一定温度下回流浸提，直至浸提充分。

(4) 固液分离：采用离心或抽滤法将浸提后的混合液进行分离，去除固体残渣，保留上清液。

(5) 减压蒸发有机溶剂：将浸提得到的上清液置于真空浓缩装置上，40～45℃减压浓缩，去除有机溶剂，得到深绿色浸膏。

(6) 避光包装：将减压蒸发后所得深绿色浸膏进行避光包装、保存，即得孜然油树脂。

3) 结果

孜然油树脂的提取率与成分因所用有机溶剂种类、孜然粉粒度、浸提时间、浸提温度、固液比的不同而有较大差异。El-Ghorab 等 (2010) 分别采用正己烷和甲醇提取孜然油树脂，结果表明，甲醇提取孜然油树脂的提取率 (4.08%) 高于正己烷 (3.51%)，这与 Ani 等 (2006) 采用甲醇作为溶剂可获得高提取率的孜然油树脂的结果一致。李新明 (2004) 采用不同的高沸点有机溶剂，如乙醇、乙酸乙酯、石油醚 (60℃)、正己烷，以及低沸点有机溶剂，如石油醚 (30～40℃)、乙醚、二氯甲烷、正戊烷，对孜然油树脂进行萃取，并探讨了时间、温度、粒度、固液比对孜然油树脂提取率的影响，结果显示，四种高沸点有机溶剂对孜然油树脂的提取率为正己烷 (18.05%) ＞乙酸乙酯 (17.97%) ＞石油醚 (17.96%) ＞乙醇 (16.41%)，由于正己烷价格较高、乙酸乙酯残留量高，因此选择石油醚作为理想的提取溶剂；四种低沸点有机溶剂对孜然油树脂的提取率为石油醚 (17.89%) ＞正戊烷 (17.78%) ＞乙醚 (16.00%) ＞二氯甲烷 (15.6%)，考虑成本和经济因素，选择正戊烷为最佳的提取溶剂。此外，通过单因素试验和正交试验优化，得到高沸点有机溶剂萃取孜然油树脂的最佳工艺条件：孜然粉粒度为 80 目，萃取温度为 45℃，萃取时间为 6h；低沸点有机溶剂萃取孜然油树脂的最佳工艺条件：孜然粉粒度为 80 目，萃取温度为 20℃，萃取时间为 8h。韩澄和刘志杏(2012)采用单因素试验和响应面试验优化了正己烷浸提孜然油树脂的工艺，最佳条件：提取温度为 65.35℃，提取时间为 4.25h，料液比为 1∶8.62，在此条件下，孜然油树脂的提取率为 9.14%。王强等(2012)按固液比 1∶10 分别向孜然粉末中加入甲醇、乙酸乙酯、二氯甲烷和正己烷，加热回流提取 4h，经真空旋转蒸发后得孜然油树脂，提取率分别为 3.97%、9.33%、11.12%和 0.35%。

2. 超临界 CO_2 萃取法

超临界流体萃取是近三十年来发展较快的新一代化工分离技术，处于临界点附近的超临界流体对溶质具有极高的溶解能力，而且温度或压力的微小变化就可极大地改变超临界流体对溶质的溶解度，从而达到选择性萃取分离化合物的目的。因此，通过调节温度或压力，超临界流体充当着多种溶剂的角色。目前，超临界流体已成功应用于多种动植物油脂的提取，如蛋黄油、鱼油、菜籽油、茴香油、豆蔻油、小麦胚芽油等(甘芝霖等，2010)。超临界 CO_2 萃取法提取孜然油树脂的优点如下：CO_2 的临界温度较低(31.2℃)，对香辛料等热敏性和耐热性差的物质提取有利；CO_2 的临界压力仅为 7.3MPa，易于实现；CO_2 属于非极性溶剂，对非极性化合物，如甘油酯、脂肪酸、乙醇、醚、酮和萜类化合物等具有较高的亲和力；CO_2 属于惰性气体，不燃烧、无毒、无色、无味、无腐蚀，操作安全，不污染提取物和环境。此外，CO_2 纯度高，蕴藏量大，经济实惠(于明，2005)。

1)工艺流程

孜然籽粒→粉碎→过筛→超临界 CO_2 萃取→收集油分→避光包装→孜然油树脂。

2)主要操作步骤

(1)粉碎：孜然籽粒经风选、去杂后，称取一定质量的孜然籽粒，用万能粉碎机进行粉碎，粉碎速度为中速，时间为 1～2min。

(2)过筛：将粉碎好的孜然粉用一定目数的筛网进行筛分，所得孜然粉备用。

(3)超临界 CO_2 萃取：将孜然粉均匀填置在超临界 CO_2 萃取釜内，通入净化的 CO_2 并使其经过冷凝箱冷凝至流体，设置一定的萃取压力、萃取温度，萃取一定时间后，溶有孜然油树脂的 CO_2 经减压阀进入分离器，调节分离器的压力使 CO_2 汽化，孜然油树脂析出并沉积于分离釜底部，经放油阀门放出收集。

(4)避光包装：将收集到的孜然油树脂进行避光包装，保存。

3)结果

刘玉梅(2000)采用超临界 CO_2 萃取法提取孜然油树脂，提取率为 7.3%，采用 GC-MS 分析发现，孜然油树脂的主要成分与水蒸气蒸馏法提取孜然精油的主要成分相差不大，为 β-蒎烯、松油烯、p-伞花烃、枯茗醛、二氢枯茗醛和藏花醛；但超临界 CO_2 萃取法所得孜然油树脂含有的组分更多，这说明该法萃取出的高沸点成分较多。于明(2005)以新疆产孜然为研究对象，结合单因素试验和正交优化试验，探讨了超临界 CO_2 萃取技术提取油树脂的最佳工艺，结果表明，对孜然油树脂提取率影响最大的因素是萃取压力，其次是孜然粉粒度、CO_2 流量和萃取温度；确定最佳的工艺参数：孜然粉粒度为 40 目，CO_2 流量为 25kg/h，萃取时间为 2h，萃取压力为 35MPa，萃取温度为 40℃，一级分离压力为 6MPa，一级分离温度为 50℃，在此条件下孜然油树脂的提取率是 13.56%，为深绿色油状液体；脂肪酸组成测定结果显示，该方法提取孜然油树脂中总不饱和脂肪酸含量为 93.38%，其中多不饱和脂肪酸含量为 34.60%，油酸含量为 59.10%，亚油酸含量为 34.28%；与正己烷萃取法和水蒸气蒸馏法相比，超临界 CO_2 萃取法提取孜然油树脂中含有较多的枯茗醛和藏花醛，其他成分差异不大，这说明该方法不仅可将低沸点挥发性物质提取出来，也可以萃取出高沸点的风味成分，这与刘玉梅(2000)的研究结果相似。甘芝霖等(2010)以孜然油树脂的提取率为指标，采用单因素试验和正交试验确定了超临界 CO_2 萃取孜然油树脂的最佳工艺，条件如下：原料粉粒度为 40目，萃取时间为 2h，萃取压力为 35MPa，萃取温度为 40℃，CO_2 流量为 25kg/h，分离压力为 6MPa，分离温度为 50℃，在此条件下孜然油树脂的提取率为 13.56%。

3. 亚临界萃取法

亚临界萃取是近年来新兴的一种提取技术，具有设备简单、易于操作、反应快速、得率高、品质好、无毒无害、回收率高、选择性好、灵敏度高等优点，受到国外研究者的重视，特别在油脂提取方面具有很好的应用前景。该方法是指孜然粉利用亚临界流体作为萃取剂，在密闭、无氧、低压的压力容器内，依据有机物相似相溶的原理，通过孜然粉与萃取剂在浸泡过程中的分子扩散过程，使孜然粉中的脂溶性成分转移到液态的萃取剂中，再通过减压蒸发的过程将萃取剂与目的产物分离，最终得到油树脂。

1)工艺流程

孜然籽粒→粉碎→过筛→亚临界萃取→减压分离→减压蒸发有机溶剂→深绿色浸膏→避光包装→孜然油树脂。

2)主要操作步骤

(1)粉碎：孜然籽粒经风选、去杂后，称取一定质量的孜然籽粒，用万能粉碎机进行粉碎，粉碎速度为中速，时间为 1～2min。

(2)过筛：将粉碎好的孜然粉用一定目数的筛网进行筛分，所得孜然粉备用。

(3)亚临界萃取：将过筛后的孜然粉用装料袋密闭后，置于亚临界萃取设备的萃取罐中，先对罐内抽真空，然后通入萃取剂至指定高度，再将萃取罐升温至指定温度，使溶剂与物料混合浸泡一段时间，直至萃取完全。

（4）减压分离：萃取好的油树脂随溶剂一起放入分离罐中，在此完成油树脂与溶剂的减压分离。

（5）减压蒸发有机溶剂：将萃取得到的油树脂置于真空浓缩装置上，40～45℃减压浓缩，进一步去除有机溶剂，得到深绿色浸膏。

（6）避光包装：将减压蒸发后所得的深绿色浸膏进行避光包装、保存，即得孜然油树脂。

3）结果

过利敏等（2015）以新疆吐鲁番产孜然籽粒为原料，通过单因素试验和正交试验探讨了亚临界萃取孜然油树脂的工艺，以出油率为考察指标，确定了孜然油树脂的亚临界萃取最佳条件及参数：原料粉粒度为 40 目，堆积密度为 65g/L，萃取温度为 50℃，萃取时间为 90min，萃取溶剂为丁烷，此条件下孜然油树脂的出油率达 97.30%。与超临界 CO_2 萃取法相比，孜然油树脂亚临界萃取的操作压力仅为 0.4～0.6MPa，远远低于超临界 CO_2 萃取法（35～50MPa），设备成本也大幅下降。与有机溶剂萃取法相比，孜然油树脂的亚临界萃取时间为 1～2h，仅是前者的 1/3，能耗随之降低，且无溶剂残留问题。孜然醛是孜然中最主要的呈香和活性成分之一，在亚临界萃取孜然油树脂中孜然醛含量高达 20.00μg/mL，是有机溶剂萃取法的 2.27 倍。因此，与超临界 CO_2 萃取法和有机溶剂萃取法相比，亚临界萃取法适合用于孜然油的萃取，在成本、能耗和油品品质方面都具有一定实用价值，值得推广。

1.2.2　孜然油树脂的生物活性

1. 抑菌活性

韩建华等（2002）采用丙酮浸提孜然油树脂，并采用生长速率测定法评价油树脂对病原菌菌丝生长的抑制作用，结果发现，孜然油树脂（0.1g/mL）对小麦赤霉病菌和辣椒疫霉病菌处理 72h 后，菌丝生长的抑制率均达到了 100%，对玉米大斑病菌处理 120h 后，菌丝生长的抑制率达到了 100%；当孜然油树脂的浓度为 0.1g/mL，对小麦赤霉病菌和玉米大斑病菌分别处理 72h 和 120h 后，孢子萌发的抑制率均为 0%，对辣椒疫霉病菌处理 72h 后，孢子萌发的抑制率为 94.68%；该作者在对孜然油树脂的毒理测定中发现，在一定的浓度范围内孜然油树脂对供试病原菌有抑制作用，若低于浓度范围最小值，则对供试病原菌的生长有明显的促进作用，这可能是由孜然油树脂中同时存在抑菌、促菌活性物质，两类活性物质随着浓度的降低，其抑菌、促菌活性作用比例变化而导致的结果，这些均有待于进一步探讨。张应烙（2003）采用丙酮冷浸法提取孜然油树脂，并采用离体活性与活体盆栽相结合的方法，测定并分析了孜然油树脂对 12 种植物病原菌的抑菌活性，结果表明，孜然油树脂对小麦纹枯病菌、苹果霉心病菌、白菜黑斑病菌、棉花枯萎病菌、杨树溃疡病菌 5 种病原菌的菌丝生长抑制率均达到了 100%，对稻瘟病菌和黄瓜炭疽病菌的抑制率分别为 89.5% 和 78.7%；毒力测定结果显示，孜然油树脂对小麦纹枯病菌的毒力最好，EC_{50} 值为 3.6563g/L，在孢子萌发试验中，孜然油树脂对稻瘟病菌、小麦光腥黑穗病菌的孢子萌发抑制率均在 80% 以上，上述结果说明，孜然油树脂的抑菌范围是非常广泛的；盆栽试验结果显示，孜然油树脂对稻瘟病、黄瓜炭疽病的抑制和治疗作用均大于 60%，对白菜黑斑病、黄瓜霜霉病的抑制作用大于 60%；经室内水培法试验，孜然油树脂对杨树溃疡病的治疗作用为 60%，这说明孜然油树脂对真菌类的叶斑病害防治效果较好，对枝干溃疡性病害也具有一定的防治作用；从病原菌分类地位看，孜然粗提物的防病范围适用于鞭毛菌、子囊菌、半知菌。陈文学等（2007）采用超声波辅助乙醇萃取法从孜然中提取油树脂，并分析其对大肠杆菌、枯草芽孢杆菌、金黄色葡萄球菌、黑曲霉、米曲霉和黄曲霉的增殖抑制作用，结果表明，当孜然油树脂的浓度为 3% 时，其对大肠杆菌、枯草芽孢杆菌和金黄色葡萄球菌的抑菌直径分别为 14.83mm、13.33mm 和 16.17mm，对黑曲霉、黄曲霉和米曲霉的抑菌直径分别为 21.22mm、14.56mm 和 8.65mm。韩鼎（2011）将孜然油树脂（40%）与异丙醇（36%）、环己酮（9%）、吐温 80（14.7%）、NP15（0.3%）混合制备乳油，将孜然油树脂（20%）与二甲基甲酰胺（52.5%）、异丙醇（17.5%）、吐温 80（4%）、农乳 500（5%）、NP15（1%）混合制备可溶性乳剂，将孜然油树脂（10%）与环己酮（8%）、二甲基甲酰胺（8%）、正丁醇（4%）、OP10（7.5%）、农乳 500（2.5%）、宁乳 33（5%）、水（55%）混合制备微乳剂，考察三种产品对辣椒疫霉病、小麦白粉病等病害的防治效果，结果表明，含 10% 孜然油树脂的微乳剂样品在 200x（x 表示在原有 10% 浓度下分别稀释 200 倍、500 倍和 800 倍）浓度下，对辣椒疫霉病在 7d、14d、21d 的防治作用均在 70% 以上，显著高于 15% 甲霜灵 WP[①]500x 浓度下的防治效果；对辣椒疫霉病在 7d、14d、21d 的治疗作用则明显低于 15% 甲霜灵 WP500x 的治疗效果，由此可以看出，研制的微乳剂样品在供试浓度下对辣椒疫霉病防治效果优于治疗效果；对小麦白粉病的盆栽试验结果表明，含 10% 孜然油树脂的微乳剂样品在 200x 浓度下，对小麦白粉病在 7d、14d 的防治效果低于 15% 三唑酮 WP800x 浓度下防治效果，对小麦白粉病在 7d、14d 的治疗效果通过两组不同施药时期治疗小麦白粉病的试验结果比较，微乳剂样品在 200x 浓度下，与药剂 15% 三唑酮 WP800x 浓度下对小麦白粉病的治疗效果相当。

2. 抗氧化活性

国内外学者对孜然油树脂的抗氧化活性进行了研究，并将其与 BHT、BHA

---

① WP 为可湿性粉剂，是指药品的状态。

和没食子酸丙酯(PG)的抗氧化活性进行了对比。Milan 等(2008)采用丙酮萃取孜然油树脂,并对比孜然油树脂、孜然热水提取物、孜然盐水提取物和孜然精油的抗氧化活性,结果显示,孜然盐水提取物的 DPPH 自由基清除活性最好,IC_{50} 值为 0.09g,其次为热水提取物和油树脂,IC_{50} 值分别为 0.12g 和 2.65g,孜然精油对DPPH 自由基的清除活性最小,IC_{50} 值为 54.70g。El-Ghorab 等(2010)采用正己烷和甲醇提取孜然油树脂,并测定了不同有机溶剂所得孜然油树脂的多酚含量和抗氧化活性,结果表明,甲醇提取孜然油树脂的多酚含量为 35.3mg/g,而正己烷提取孜然油树脂的多酚含量仅为 10.6mg/g,两种方法所得孜然油树脂的多酚含量均低于生姜油树脂的多酚含量(67.5~95.2mg/g);抗氧化活性测定结果显示,尽管孜然油树脂的抗氧化活性与浓度呈显著的正相关关系,但是与生姜油树脂相比,正己烷提取孜然油树脂的 DPPH 自由基清除活性和亚铁离子还原力最低,当油树脂的浓度为 240μg/mL 时,DPPH 自由基的清除率仅为 42.16%,亚铁离子还原力为0.54μgTE[①]/mL,这可能与其含有的多酚较少有关;甲醇提取孜然油树脂的 DPPH自由基清除率和亚铁离子还原力略高于正己烷提取孜然油树脂的 DPPH 自由基清除率和亚铁离子还原力,当油树脂的浓度为 240μg/mL 时,DPPH 自由基的清除率为 56.80%,亚铁离子还原力为 0.55μgTE/mL。曲晶升(2008)分别采用 70%乙醇、乙酸乙酯和三氯甲烷提取孜然油树脂,并将上述三种孜然提取物按不同浓度添加到新熬制猪油中,测定猪油的过氧化值,结果表明,不同有机物的孜然提取物对猪油都有抗氧化作用,以 70%乙醇提取物效果最为明显,孜然乙醇提取物的抗氧化性存在剂量关系,随着提取剂量的增加抗氧化性逐渐增强。陈芹芹等(2011)采用 β-胡萝卜素-亚油酸法从体外评价孜然油树脂及其所含主要成分的抗氧化活性,结果发现,孜然油树脂、β-蒎烯、p-伞花烃、γ-萜品烯和枯茗醛等都表现出不同程度的抗氧化能力,但对 β-胡萝卜素的氧化抑制作用小于 BHT;抗氧化活性排序为γ-萜品烯>孜然油树脂>枯茗醛>β-蒎烯>p-伞花烃。王强等(2012)采用甲醇、乙酸乙酯、二氯甲烷和正己烷提取孜然油树脂,测得油树脂中总酚含量分别为5.77mg/g、5.10mg/g、3.39mg/g 和 1.61mg/g,总黄酮含量分别为 7.50mg/g、5.48mg/g、3.81mg/g 和 12.98mg/g;抗氧化活性测定结果显示,四种提取物、维生素 C 和 BHT对 DPPH 自由基清除活性的大小为维生素 C(IC_{50} 值为 0.0038g/L)>BHT(IC_{50} 值为0.020g/L)>甲醇提取物(IC_{50} 值为 1.07g/L)>乙酸乙酯提取物(IC_{50} 值为 2.09g/L)>二氯甲烷提取物(IC_{50} 值为 6.83g/L)>正己烷提取物(IC_{50} 值为 159.9 0g/L);对ABTS 自由基清除活性的大小为维生素 C(IC_{50} 值为 0.20g/L)>BHT(IC_{50} 值为0.25g/L)>甲醇提取物(IC_{50} 值为 5.81g/L)>乙酸乙酯提取物(IC_{50} 值为 10.15g/L)>二氯甲烷提取物(IC_{50} 值为 13.22g/L)>正己烷提取物(IC_{50} 值为 14.33g/L),由此可

---

① TE 表示水溶性维生素 E 当量。

以初步判断，孜然油树脂高抗氧化活性可能与含有的多酚和黄酮类物质有关，该结果可为孜然油树脂应用于食品保鲜和保健品领域提供一定的科学依据。

3. 降血糖活性

孜然的甲醇提取物可以降低糖尿病大鼠体内葡萄糖水平，抑制糖化血红蛋白、肌酸酐、血尿素氮的含量，并能提高血浆胰岛素和肝脏中糖原的含量(Roman-Ramos et al., 1995; Jagtap and Patil, 2010)。Willatgamuwa 等(1998)用含有 1.25%孜然提取物的食物喂养大鼠 8 周，可以明显地降低由链脲霉素诱导的患有糖尿病大鼠的血糖水平，并对大鼠体重有一定的改善作用。另一项体外研究表明，孜然提取物能够抑制可溶性蛋白、α-晶体蛋白的糖基化和 α-晶体蛋白的结构改变，降低分子伴侣的活性，从而延迟由链脲佐菌素诱导的大鼠白内障的发病时间(Kumar et al., 2009)。对患有糖尿病大鼠的胰腺进行组织病理学观察可以发现，脂肪组织和炎性细胞分布量明显减少(Dhandapani et al., 2002)。此外，孜然乙醇萃取物含有黄酮苷，因此可以通过调节 T 淋巴细胞(CD4 和 CD8)和 Th1 型细胞因子的表达来改善免疫缺陷动物的免疫调节特性，从而减小肾上腺体积、抑制肾上腺酮水平的升高、增加胸腺和脾脏质量(Chauhan et al., 2010)。孜然水提取物可以刺激肾上腺素受体和/或组胺 H1 受体，使豚鼠离体气管链松弛而产生止咳功效(Boskabady et al., 2005; Srivastava, 1989)。孜然乙醚提取物能够抑制由花生四烯酸诱导的人体血小板聚集(Srivastava, 1989)。

1.2.3 孜然油树脂的应用

孜然油树脂浓度高、黏性大，适宜应用于食品加工中，如酱料、咸味饼干、肉制品、沙拉，但是孜然油树脂中的芳香性成分易挥发、本身含有的脂肪易产生氧化酸败，因此，将其加工为微胶囊或纳米乳制品会极大地提高孜然油树脂的利用价值。

1. 孜然油树脂微胶囊

于明(2005)探讨了孜然油树脂微胶囊包埋的最佳工艺参数，结果如下：壁材搭配比例为阿拉伯胶：麦芽糊精：大豆蛋白=1：2：2 质量比，芯材与壁材的比例为 1：3，壁材占乳化液的比例为 25%，乳化次数为 3 次，乳化时间为 5min(转速为 10000r/min)，喷雾干燥的进风温度为 180℃，出风温度为 115℃；正交试验结果表明，影响孜然油树脂微胶囊包埋率的因素由大到小依次为进风温度、出风温度、芯材/壁材比例、壁材占乳化液的比例，其中，进风温度对包埋率影响达极显著水平，出风温度达显著水平；孜然油树脂经微胶囊包埋后，可有效地保持特有的香气和香味物质，便于储存、运输，与未经包埋的油树脂相比，食用卫生、方便，具有推广价值。Kanakdande 等(2007)采用阿拉伯胶、麦芽糊精和变性淀粉结合喷雾干燥制备孜然油树脂微胶囊,并分析了枯茗醛、γ-萜品烯、p-伞花烃、挥发性成分与非挥发性成分的含量和稳定性,结果表明,孜然油树脂含有 6.78%挥发性成分和 93.20%非挥发性成分;未经包埋孜然油树脂在 25℃储存时,其含有的枯茗醛、γ-萜品烯、p-伞花烃和挥发性成分的半衰期分别为 19.74 周、11.17 周、28.87周和 25.66 周;采用阿拉伯胶对孜然油树脂进行包埋,枯茗醛、γ-萜品烯、p-伞花烃和挥发性成分的半衰期与未经包埋相比有了明显的提高,分别为 57.75 周、30.13周、45.00 周和 50.58 周;采用麦芽糊精对孜然油树脂进行包埋,枯茗醛、γ-萜品烯、p-伞花烃和挥发性成分的半衰期反而比未经包埋的油树脂明显减小,分别为14.71 周、12.92 周、22.35 周和 9.57 周;经变性淀粉包埋后,枯茗醛、p-伞花烃和挥发性成分的半衰期有了明显提高,分别为 22.28 周、36.28 周和 28.75 周,而 γ-萜品烯的半衰期下降,仅为 6.86 周;当阿拉伯胶、麦芽糊精和变性淀粉按 4∶1∶1 复配时,枯茗醛、γ-萜品烯、p-伞花烃和挥发性成分的半衰期有了极显著的提高,分别为 55.80 周、35.53 周、60.78 周和 85.55 周,这说明复配包埋剂的使用效果明显优于单一包埋剂,且包埋效果与复配比例有关。

2. 孜然油树脂纳米乳

过利敏 (2013)采用单因素试验和正交试验确定了孜然油树脂纳米乳的最优配方(质量分数):乳化剂-变性淀粉 PG2000 为 12%,乳化助剂-中链脂肪酸 Neobee105为 2%,孜然油树脂为 10%,超纯水为 76%;孜然油树脂纳米乳的高压均质乳化技术参数为 100MPa 加压 10 次;制备的孜然油树脂纳米乳为水包油(O/W)型,平均粒径为 180~300nm,多分散性指数(PDI)值小于 0.35,粒径分布集中;纳米乳的稳定性是其质量评价的重要指标,将孜然油树脂纳米乳分别于室温、光照(4000lx)、低温(-4℃)、高温(60℃)放置 30d,观察外观和测定孜然醛含量,结果显示,孜然油树脂纳米乳的热稳定性较好,经高速离心未见分层破乳现象,孜然醛的含量也未发生明显变化;随光照时间的延长,孜然醛的含量略有降低,光照 15d 和 30d 时分别降低 7.14%和 14.75%,这说明纳米乳对光比较敏感,应避光保存。

3. 复合油树脂调味品

王萌(2014)采用超临界 CO_2 提取香辛料中的油树脂,并通过正交试验和感官鉴定筛选出适合应用于五香味腌制羊肉和风味羊肉汤的复合油树脂调味品。五香味腌制羊肉复合油树脂调味品的最优工艺配方为油树脂 15g、羧甲基纤维素 0.5g、卡拉胶 0.5g、黄原胶 0.5g、蒸馏水 300mL、八角 0.17%、花椒 0.10%、丁香 0.10%、肉桂 0.10%、小茴香 0.18%。风味羊肉汤复合油树脂调味品的最优工艺配方为油树脂 15g、羧甲基纤维素 0.5g、卡拉胶 0.5g、黄原胶 0.5g、蒸馏水 300mL、花椒0.20%、白芷 0.11%、丁香 0.09%、草果 0.14%、高良姜 0.07%、云木香 0.10%、荜拨 0.06%、砂仁 0.05%、千里香 0.11%。因此,可以将孜然油树脂与其他香辛料油树脂进行复配，也可佐以辣椒油、花椒油等，制备复合调味品应用于肉制品生产中。

参 考 文 献

陈从珍. 2009. 枯茗酸对四种病害的药效及其对辣椒疫霉病菌生长的影响. 杨凌: 西北农林科技大学硕士学位论文.

陈芹芹, 甘芝霖, 戴蕴青, 等. 2011. 孜然油树脂及其主要成分的体外抗氧化活性比较及动力学分析. 食品工业科技, (11): 111-113.

陈文学, 李婷, 侯晓东, 等. 2007. 香辛料提取物抑菌作用的研究. 中国酿造, 26(9): 12-14.

程小丽, 武传欣, 刘俊明, 等. 2010. 储粮害虫防治研究进展. 粮油仓储科技通讯, (6): 26-29.

甘芝霖, 于明, 胡雪芳, 等. 2010. 超临界二氧化碳萃取孜然油工艺技术研究. 食品工业科技, (8): 283-285.

过利敏. 2013. 孜然油的亚临界萃取及纳米乳制备工艺研究. 乌鲁木齐: 新疆农业大学硕士学位论文.

过利敏, 张谦, 李兰, 等. 2015. 孜然油的亚临界萃取工艺研究. 新疆农业科学, 52(6): 1071-1076.

韩澄, 刘志杏. 2012. 响应曲面法优化孜然油树脂提取工艺. 食品与发酵科技, 48(5): 67-70.

韩鼎. 2011. 孜然提取物杀菌制剂研制. 杨凌: 西北农林科技大学硕士学位论文.

韩建华, 祝木金, 冯俊涛, 等. 2002. 27 种植物抑菌活性初步筛选. 西北农林科技大学学报 (自然科学版), 30(6): 134-137.

侯坤, 程玉来. 2013. 孜然精油对冷却猪肉保鲜效果的影响. 食品工业科技, 34(15): 339-341.

侯旭杰, 李新明. 2006. 低沸点有机溶剂结合水蒸汽法提取孜然精油研究. 食品工业科技, 27(7): 132-135.

胡林峰, 冯俊涛, 张兴, 等. 2007. 孜然种子中杀菌活性成分分离及结构鉴定. 农业学学报, 9(4): 330-334.

胡雪芳, 戴蕴青, 李淑燕, 等. 2010. 孜然精油成分分析及超临界萃取联合分子蒸馏纯化效果研究. 食品科学, 31(6): 230-234.

李大强. 2012. 孜然精油的成分分析、抗菌和抗氧化活性. 兰州: 甘肃农业大学硕士学位论文.

李伟, 封丹, 陆占国. 2008. 孜然精油成分及其抗菌作用. 食品科技, (5): 182-186.

李新明. 2004. 孜然精油的提取及微胶囊化试验研究. 乌鲁木齐: 新疆农业大学硕士学位论文.

李新明, 李小兰, 周爱国. 2005. 喷雾减压冷冻干燥法生产孜然精油微胶囊. 中国调味品, (12): 17-22.

刘冰. 2013. 孜然精油中抑菌活性成分的分离与分析研究. 食品工业, (9): 139-142.

刘文妮, 沈科萍, 张忠, 等. 2014. 响应面法优化孜然精油微胶囊工艺. 食品科学, (18): 17-21.

刘文妮, 燕璐, 沈科萍, 等. 2015. 枯茗醛、孜然精油及其微胶囊对两种储粮害虫的熏蒸效果比较. 食品工业科技, 36(15): 330-333.

刘玉梅. 2000. 超临界 CO_2 萃取新疆产孜然油的成分分析. 武汉植物学研究, 18(6): 497-499.

陆占国, 封丹, 李伟. 2008. 孜然精油的提取及其清除 DPPH 自由基能力研究. 化学研究与应用, 20(5): 647-651.

陆占国, 封丹, 李伟. 2009. 孜然精油成分以及对亚硝酸钠的消除作用研究. 食品科学, (1): 28-30.

马修钰, 王玉峰, 周畏. 2016. 孜然保鲜液对鲜切网纹瓜保鲜效果的影响. 包装学报, 8(3): 55-59.

聂莹, 李淑英, 齐小雨, 等. 2013. 孜然油对几种果蔬贮藏致病菌抑制作用分析. 生物技术通报, 4(18): 167-171.

曲晶升. 2008. 孜然和贵州辣椒提取物对油脂抗氧化作用的分析研究. 贵阳: 贵州师范大学硕士学位论文.

沈科萍, 李国林, 毕阳, 等. 2015. 孜然精油对杂拟谷盗的熏蒸效果及代谢酶活的影响. 食品工业科技, 36(18): 320-325.

孙宏. 2008. 孜然精油提取工艺的探讨. 齐齐哈尔大学学报, 24(2): 34-36.

王萌. 2014. 香辛料油树脂在羊肉产品深加工中的应用研究. 济南: 济南大学硕士学位论文.

王强, 刘玲玲, 唐军, 等. 2012. 新疆产孜然抗氧化活性研究. 中国实验方剂学杂志, 18(16): 138-141.

吴素玲, 张卫明, 孙晓明, 等. 2011. 不同产地孜然风味物质和黄酮等成分分析. 中国调味品, 36(3): 96-98.

杨柳, 陈宇飞. 2016. 孜然精油与山梨糖醇复配在发酵香肠中的应用. 中国调味品, 41(1): 68-71.

杨艳, 吴素玲, 张卫明, 等. 2009. 微波辅助水蒸汽蒸馏法和无溶剂微波萃取法提取孜然精油工艺的研究. 食品科学, (8): 42-46.

于明. 2005. 安息茴香油超临界 CO_2 萃取及微胶囊包埋技术研究. 北京: 中国农业大学硕士学位论文.

张应烙. 2003. 孜然提取物抑菌活性的研究. 杨凌: 西北农林科技大学硕士学位论文.

赵华, 张金生, 李丽华, 等. 2006. 植物精油提取技术的研究进展. 辽宁石油化工大学学报, (4): 137-140.

中国科学院. 1985. 中国植物志. 北京: 科学出版社.

Al-Bataina B A, Maslat A O, Al-Kofahil M M. 2003. Element analysis and biological studies on ten oriental spices using XRF and Ames test. Journal of Trace Elements in Medicine and Biology, 17(2): 85-90.

Allahghadri T, Rasooli I, Owlia P, et al. 2010. Antimicrobial property, antioxidant capacity, and cytotoxicity of essential oil from cumin produced in Iran. Journal of Food Science, 75(2):

H54-H61.

Ani V, Varadaraj M C, Naidu K A. 2006. Antioxidant and antibacterial activities of polyphenolic compounds from bitter cumin (*Cuminum nigrum* L.). European Food Research and Technology, 224(1): 109-115.

Aruna K, Rukkumani R, Varma P S, et al. 2005. Therapeutic role of *Cuminum cyminum* on ethanol and thermally oxidized sunflower oil induced toxicity. Phytotherapy Research, 19(5): 416-421.

Aruna K, Sivaramakrishnan V M. 1992. Anticarcinogenic effects of some Indian plant products. Food and Chemical Toxicology, 30 (11): 953-956.

Behera S, Nagarajan S, Rao L J M. 2004. Microwave heating and conventional roasting of cumin seeds (*Cuminum cyminum* L.) and effect on chemical composition of volatiles. Food Chemistry, 87(1): 25-29.

Bettaieb I, Bourgou S, Wannes WA, et al. 2010. Essential oils, phenolics and antioxidant activeties of different parts of cumin (*Cuminum cyminum* L.). Journal of Agricultural Food Chemistry, 58: 10410-10418.

Boskabady M H, Kianai S, Azizi H. 2005. Relaxant effect of *Cuminum cyminum* on guinea pig tracheal chains and its possible mechanism(s). Indian Journal of Pharmacology, 37(2): 111-115.

Bourgou S, Pichette A, Marzouk B. 2010. Bioactivities of black cumin essential oil and its main terpenes from Tunisia. South African Journal of Botany, 76(2): 210-216.

Chauhan P S, Satti N K, Suri K A. 2010. Stimulatory effects of *Cuminum cyminum* and flavonoid glycoside on cyclosporine-A and restraint stress induced immune-suppression in Swiss albino mice. Chemico-Biological Interactions, 185(1): 66-72.

Chen Q, Gan Z, Zhao J, et al. 2014. *In vitro* comparison of antioxidant capacity of cumin (*Cuminum cyminum* L.) oils and their main components. LWT-Food Science and Technology, 55(2): 632-637.

Chen Q, Hu X, Li J, et al. 2011. Preparative isolation and purification of cuminaldehyde and *p*-menta-1,4-dien-7-al from the essential oil of *Cuminum cyminum* L. by high-speed counter-current chromatography. Analytica Chimica Acta, 689(1): 149-154.

De Martino L, De Feo V, Fratianni F, et al. 2009. Chemistry, antioxidant, antibacterial and antifungal activities of volatile oils and their components. Natural Product Communications, 4(12): 1741-1750.

Derakhshan S, Sattari M, Bigdeli M. 2007. P2081 Evaluation of antibacterial activity and biofilm formation in *Klebsiella pneumoniae* in contact with essential oil and alcoholic extract of cumin seed (*Cuminum cyminum*). International Journal of Antimicrobial Agents, 29: S601.

Derakhshan S, Sattari M, Bigdeli M. 2010. Effect of cumin (*Cuminum cyminum* L.) seed essential oil on biofilm formation and plasmid integrity by *Klebsiella pneumonia*. Pharmacognosy Magazine,

6(21): 57-61.

Dhandapani S, Subramanian V R, Rajagopal S, et al. 2002. Hypolipidemic effect of *Cuminum cyminum* L. on alloxan-induced diabetic rats. Pharmacological Research, 46(3): 251-255.

El-Kady I A, El-Maraghy S S M, Mostafa M E. 1993. Antibacterial and antidermatophyte activities of some essential oils from spices. Qatar University Science Journal, 13: 63-69.

El-Ghorab A H, Nauman M, Anjum F M, et al. 2010. A comparative study on chemical composition and antioxidant activity of ginger (*Zingiber officinale*) and cumin (*Cuminum cyminum*). Journal of Agricultural and Food Chemistry, 58(14): 8231-8237.

Gagandeep, Dhanalakshmi S, Mendiz E, et al. 2003. Chemopreventive effects of *Cuminum cyminum* in chemically induced forestomach and uterine cervix tumors in murine model systems. Nutrition and Cancer, 47(2): 171-180.

Haghparast A, Shams J, Khatibi A, et al. 2008. Effects of the fruit essential oil of *Cuminum cyminum* Linn.(Apiaceae) on acquisition and expression of morphine tolerance and dependence in mice. Neuroscience Letters, 440(2): 134-139.

Hashemi P, Shamizadeh M, Badiei A. 2009. Study of the essential oil composition of cumin seeds by an amino ethyl-functionalized nanoporous SPME fiber. Chromatographia, 70(7-8): 1147-1151.

Hemavathy J, Prabhakar J V. 1988. Lipid composition of cumin (*Cuminum cyminum* L.) seeds. Food Science, 53(5): 1578-1579.

Heravi M J, Zekavat B, Sereshti H. 2007. Use of gas chromatography-mass spectrometry combined with resolution methods to characterize the essential oil components of Iranian cumin and caraway. Journal of Chromatography A, 1143 (1-2): 215-226.

Jagtap A G, Patil P B. 2010. Antihyperglycemic activity and inhibition of advanced glycation end product formation by *Cuminum cyminum* in streptozotocin induced diabetic rats. Food and Chemical Toxicology, 48(8-9): 2030-2036.

Jalali-Heravi M, Zekavat B, Sereshti H. 2007. Use of gas chromatography-mass spectrometry combined with resolution methods to characterize the essential oil components of Iranian cumin and caraway. Journal of Chromatography A, 1143(1): 215-226.

Johri R K. 2011. *Cuminum cyminum* and *Carum carvi*: an update. Pharmacognosy Reviews, 5(9): 63-72.

Kanakdande D, Bhosale R, Singhal R S. 2007. Stability of cumin oleoresin microencapsulated in different combination of gum arabic, maltodextrin and modified starch. Carbohydrate Polymers, 67(4): 536-541.

Kivanc M, Akgul A, Dogan A. 1991. Inhibitory and stimulatory effects of cumin, oregano and their essential oils on growth and acid production of *Lactobacillus planatarum* and *Leuconstoc mesenteroides*. International Journal of Food Microbiology, 13(1): 81-85.

Krishnakantha T P, Lokesh B R. 1993. Scavenging of superoxide anions by spice principles. Indian Journal of Biochemistry and Biophysics, 30(2): 133-134.

Kumar P A, Reddy P Y, Srinivas P, et al. 2009. Delay of diabetic cataract in rats by the antiglycating potential of cumin through modulation of α-crystallin chaperone activity. The Journal of Nutritional Biochemistry, 20(7): 553-562.

Lacobellis N S, Lo C P, Capasso F, et al. 2005. Antibacterial activity of *Cuminum cyminum* L. and *Carum carvi* L. essential oils. Journal of Agricultural and Food Chemistry, 53 (1): 57-61.

Lee H S. 2005. Cuminaldehyde: aldose reductase and α-glucosidase inhibitor derived from *Cuminum cyminum* L. seeds. Journal of Agricultural and Food Chemistry, 53(7): 2446-2450.

Leung A Y. 1980. Encyclopedia of Common Natural Ingredients Used in Food, Drugs, and Cosmetics. New York: Wiley.

Lewis Y S. 1984. Spices and Herbs for the Food Industry. Orpington: Food Trade Press.

Li R, Jiang Z T. 2004. Chemical composition of the essential oil of *Cuminum cyminum* from China. Flavour and Fragrance Journal, 19(4): 311-313.

Madrid F J, White N D G, Loschiavo S R. 1990. Insects in stored cereals, and their association with farming practices in southern Manitoba. The Canadian Entomologist, 122(3): 515-523.

Milan K S M, Dholakia H, Tiku P K, et al. 2008. Enhancement of digestive enzymatic activity by cumin (*Cuminum cymonum* L.) and role of spent cumin as a bionutrient. Food Chemistry, 110(3): 678-683.

Moghaddam M, Miran S N K, Pirbalouti A G, et al. 2015. Variation in essential oil composition and antioxidant activity of cumin (*Cuminum cyminum* L.) fruits during stages of maturity. Industrial Crops and Products, 70: 163-169.

Khayyala M T, El-Ghazalyb M A, Kenawya S A, et al. 2001. Antiulcerogenic effect of some gastrointestinally acting plant extracts and their combination. Arzneimittelforschung, 51(7): 545-553.

Nalini N, Manju V, Menon V P. 2006. Effect of spiceson lipid metabolism in 1, 2-dimethylhydrazine induced rat colon carcinogenesis. Journal of Medicine Food, 9(2): 237-245.

Norman J. 1991. The Complete Book of Herbs and Spices. New York: Viking Press.

Purohit P, Mustafa M, Osmani Z. 1983. Insecticidal properties of plant-extract of *Cuminum cyminum* Linn. Science and Culture, 49(4): 101-103.

Reddy A, Lokesh B R. 1992. Studies on spice principles as antioxidant in the inhibition of lipid peroxidation or rat liver microsomes. Molecular and Cellular Biochemistry, 111(1-2): 117-124.

Roman-Ramos R, Flores-Saenz J L, Alarcon-Aguilar F J. 1995. Anti-hyperglycemic effect of some edible plants. Journal of Ethnopharmacology, 48(1): 25-32.

Satyanarayana S, Sushruta K, Sarma G S. 2004. Antioxidant activity of the aqueous extracts of spicy food additivesevaluation and comparison with ascorbic acid in *in vitro* systems. Journal of Herbal Pharmacotherapy, 4(2): 1-10.

Shirke S S, Jadhav S R, Jagtap A G. 2008. Methanolic extract of *Cuminurm cyminum* inhibits ovariectomy-induced bone loss in rats. Experimental Biology and Medicine, 233(11): 1403-1410.

Singh G, Marimuthu P, Murali H S. 2005. Antioxidative and antibacterial potentials of essential oils and extracts isolated from various spice materials. Journal of Food Safety, 25(2): 130-145.

Sowbhagya H B. 2011. Chemistry, technology and nutraceutical functions of Cumin (*Cuminum cyminum* L): an overview. Food Science and Nutrition, 53(1): 1-10.

Sowbhagya H B, Suma P F, Mahadevamma S, et al. 2007. Spent residue from cumin—a potential source of dietary fiber. Food Chemistry, 104(3): 1220-1225.

Srivastava K C. 1989. Extracts from two frequently consumed spices-Cumin (*Cuminum cyminum*) and turmeric (*Curcuma longa*)-Inhibit platelet aggregation and alter eicosanoid biosynthesis in human blood platelets. Prostaglandins, Leukotrienes and Essential Fatty Acids, 37(1): 57-64.

Talpur N, Echard B, Ingram C, et al. 2005. Effects of a novel formulation of essential oils on glucose-insulin metabolism in diabetic and hypertensive rats: a pilot study. Diabetes, Obesity and Metabolism, 7(2): 193-199.

Thippeswamy N B, Naidu K A. 2005. Antioxidant potency of cumin varieties-cumin, black cumin and bitter cumin-on antioxidant systems. European Food Research and Technology, 220(5-6): 472-476.

Topal U, Sasaki M, Goto M. 2008. Chemical compositions and antioxidant properties of essential oils from nine species of Turkish plants obtained by supercritical carbon dioxide extraction and steam distillation. Food Science and Nutrition, 59(7-8): 619-634.

Tunc I, Berger B M, Erler F, et al. 2000. Ovicidal activity of essential oils from five plants against two stored-product insects. Journal of Stored Products Research, 36(2): 161-168.

Vasudevan K, Vembar S, Veeraraghavan K. 2000. Influence of intragastric perfusion of aqueous spice extracts on acid secretion in anesthetized albino rats. Indian Journal Gastroenterology, 19 (2): 53-56.

Viuda-Martos M, Ruiz-Navajas Y, Fernández-López J, et al. 2008. Antibacterial activity of different essential oils obtained from spices widely used in Mediterranean diet. International Journal of Food Science and Technology, 43(3): 526-531.

Wattenberg L W. 1990. Inhibition of carcinogenesis by naturally-occurring and synthetic compounds. Basic Life Science, 52: 155-166.

Wattenberg L W, Sparnins V L, Barany G. 1990. Inhibition of *N*-nitrosodiethylamine carcinogenesis in mice by naturally occurring organosulfur compounds and monoterpenes. Cancer Research, 49: 2689-2692.

Willatgamuwa S A, Platel K, Saraswathi G. 1998. Antidiabetic influence of dietary cumin seeds (*Cuminum cyminum*) in streptozotocin induced diabetic rats. Nutrition Research, 18(1): 131-142.

Zhaveh S, Mohsenifar A, Beiki M, et al. 2015. Encapsulation of *Cuminum cyminum* essential oils in chitosan-caffeic acid nanogel with enhanced antimicrobial activity against *Aspergillus flavus*. Industrial Crops and Products, 69: 251-256.

第 2 章　孜然膳食纤维

由第 1 章可以看出，国内外研究者和相关企业对孜然关注与开发的重点主要集中在精油和油树脂的提取、杀菌及抑菌活性、抗氧化活性、抗癌防癌等方面，但是精油和油树脂只占孜然的 20%～25%，剩下约 70%的非脂成分并没有得到有效的开发与利用。Sowbhagya 等(2007)研究结果表明，脱脂孜然富含膳食纤维 (60%以上)，且具有良好的水合性质。因此，本章主要论述植物膳食纤维的提取方法、改性技术及防治代谢综合征的作用，并阐述孜然膳食纤维的制备工艺、改性工艺、物化功能特性、对 2 型糖尿病大鼠的降血糖活性及其在食品和保健品行业中的应用，以期为孜然副产物加工及综合利用提供理论参考。

2.1　膳食纤维概述

2.1.1　膳食纤维定义

先前研究者认为，膳食纤维是指不能被机体消化道内各种酶类消化和吸收的植物细胞壁部分，如木质素、纤维素和半纤维素等(Devries et al., 1999)。随着研究者对膳食纤维关注程度的逐步加深，膳食纤维的概念和范围也不断地得到更新与拓展。2001 年，美国谷物化学师协会(American Association of Cereal Chemists, AACC)在先前研究者对膳食纤维定义和认识的基础上，最终将膳食纤维定义为：可以完全或部分在大肠中发酵，但是不能被机体小肠消化酶消化和吸收的植物性碳水化合物，主要包括低聚糖和多糖，如半纤维素、纤维素、果胶、抗性淀粉、菊粉和树胶等，此外，还包括木质素和相关的植物类物质，如皂苷、蜡质、角质和抗消化蛋白等，膳食纤维具有多种有益的生物活性，如润肠通便、降低血糖和胆固醇等(AACC, 2001)，这是目前世界上对膳食纤维较为系统和通用的定义。

2.1.2　膳食纤维组成

膳食纤维主要由纤维素、半纤维素、果胶类物质、木质素构成。其中，纤维素、半纤维素、木质素构成植物体的支撑骨架。纤维素组成微细纤维，构成细胞壁的网状骨架；半纤维素和果胶类物质是填充在纤维和微细纤维之间的“黏合剂”

和"填充剂"（郑建仙，2005）。

2.1.3　膳食纤维分类

根据膳食纤维的水溶性，将其分为可溶性膳食纤维和不可溶性膳食纤维。可溶性膳食纤维包括果胶、蜡质、植物胶、黏液等；不溶性膳食纤维包括纤维素、部分半纤维素、木质素等。

根据膳食纤维在大肠内的发酵程度，将其分为部分发酵类纤维和完全发酵类纤维。部分发酵类纤维包括纤维素、半纤维素、木质素、植物蜡和角质；完全发酵类纤维包括 β-葡聚糖、果胶、瓜尔豆胶、阿拉伯胶、海藻胶、菊粉等（郑建仙，2005）。

根据膳食纤维各化学组分，将其分为纤维状碳水化合物、基料碳水化合物和填料类物质。纤维状碳水化合物包括纤维素；基料碳水化合物包括果胶类物质、半纤维素等；填料类物质包括木质素（郑建仙，2005）。

2.1.4　膳食纤维提取及结构鉴定

在先前的研究中，用于提取膳食纤维的原料主要为农产品或加工后副产物，大致可以分为以下几类：①谷物：主要包括米糠、麦麸、玉米皮、芝麻皮、燕麦、黄豆、黑麦、大麦等（Prosky et al.，1987；Abdul-Hamid and Luan，2000）；②水果：主要包括苹果渣、柠檬皮、橘皮、芒果、百香果、香蕉、椰子、葡萄、菠萝和枣类等（Larrauri et al.，1999；Ubando-Rivera et al.，2005；Figuerola et al.，2005；Elleuch et al.，2008；Peerajit et al.，2012；López-Vargas et al.，2013）；③蔬菜：主要包括胡萝卜、西红柿、洋蓟和洋葱等（Nyman，2002；Meyer et al.，2009；Navarro-González et al.，2011；Sun et al.，2007）；④其他：主要包括甘蔗、可可、红薯、马铃薯和海藻等（Sangnark and Noomhorm，2003；Gómez-Ordóñez et al.，2010；Mateos-Aparicio et al.，2010；Yalegama et al.，2013）。表 2.1 列举了部分谷物、水果、蔬菜及藻类副产物的膳食纤维含量，从该表中可以看出，原料不同，其含有的膳食纤维不尽相同。

表 2.1　部分谷物、水果、蔬菜及藻类副产物中膳食纤维含量(%，干基)

膳食纤维来源	膳食纤维含量	分析方法	参考文献
米糠	27.04	酶-重力法	Abdul-Hamid 和 Luan (2000)
麦麸	44.46	酶-重力法	Prosky 等(1987)
玉米皮	87.86	酶-重力法	Prosky 等(1987)

膳食纤维来源	膳食纤维含量	分析方法	参考文献
芝麻皮	31.64~42.00	酶-化学法	Elleuch 等(2008)
南瓜叶	70.85	酶-重力法	De Simas 等(2010)
芦笋	62.00~67.00	酶-重力法	Fuentes-Alventosa 等(2009)
桃皮	30.70	酶-化学法	Grigelmo-Miguel 等(1999a)
橘皮	36.90	酶-化学法	Grigelmo-Miguel 等(1999b)
青柠皮	66.70~70.40	酶-化学法	Ubando-Rivera 等(2005)
苹果渣	78.20~89.80	酶-重力法	Figuerola 等(2005)
葡萄皮	44.20~62.60	酶-重力法	Figuerola 等(2005)
柠檬皮	60.10~68.30	酶-重力法	Figuerola 等(2005)
大枣	88.00~92.40	酶-重力法	Elleuch 等(2008)
芒果	28.05	酶-重力法	Vergara-Valencia 等(2007)
紫菜	34.70	酶-重力法	Lahaye (1991)
黑藻	74.60	酶-重力法	Lahaye (1991)

　　膳食纤维来源不同，原料中含有的化学成分不尽相同，因此其提取方法也存在较大差异。例如，水果、蔬菜等原料主要含有可溶性糖，而其他成分，如脂肪、蛋白质和淀粉等含量均较少，甚至可忽略不计，因此采用热浸提法便可有效去除可溶性糖，得到较高纯度的膳食纤维(Figuerola et al., 2005)。谷物和薯类含有大量淀粉，因此采用 α-淀粉酶和葡萄糖苷酶去除淀粉是制备高纯度膳食纤维的关键技术。豆类、可可和椰子等油料作物含有大量脂肪和蛋白质，一般采用有机溶剂法将脂肪去除，然后采用淀粉酶和蛋白酶分别对淀粉和蛋白质进行酶解后去除，从而得到高纯度的膳食纤维(Redondo-Cuenca et al., 2006; Lecumberri et al., 2007)。

　　膳食纤维由多种化学实体组合而成，结构复杂，采用多种方法研究膳食纤维的构成及结构，对明确膳食纤维在食品和保健品中的应用具有十分重要的意义。近年来，相关学者已经采用非酶-重力法、酶-重力法和酶-化学法从多种膳食纤维中分离出纤维素、木质素、半纤维素和果胶等物质。例如，Van Schmus 和 Wood(1967)采用酸液洗涤法从植物来源的膳食纤维中分离出木质素、纤维素和酸不溶性半纤维素; Prosky 等(1987)发明了酶-重力法测定膳食纤维的含量，首先采用多种酶类，如淀粉酶和蛋白酶，分别对提取原料中的淀粉类物质和蛋白质进行酶解，离心后的残渣是不溶性膳食纤维，然后将一定浓度的乙醇溶液添加到上清液中，产生的沉淀即为可溶性膳食纤维。采用该方法可以测定多糖、抗性淀粉、木质素和其他相关物质，如蜡质、多酚类物质及美拉德反应产物等，但是用该方法不能测定膳食纤维中低聚糖的含量。McCleary 等（2010）在美国分析化学家协会（AOAC）已有方法的基础上发明了一种新的方法，可以用来测定非消化性的低聚糖和高分子质量的抗性淀粉。Englyst 等（1994）发明了酶-化学法，该方法可以从低分子质量糖类和淀粉水解产物中分离可溶性膳食纤维。此外，也可以采用气液色谱法（GLC）或高效液相色谱法（HPLC）测定膳食纤维中含有的中性糖和糖醛酸的含量（Englyst et al.，1994）。但是，在采用 GLC 测定单糖的过程中，由于糖类损失或衍生不完全，膳食纤维的测定值低于正常值（Elleuch et al.，2008）。表 2.2 列举了膳食纤维的组成部分所含有的主链和分支结构，这对于明确膳食纤维的化学结构、聚合度、低聚糖和多糖的组成具有十分重要的作用。

表 2.2　膳食纤维的化学组成

膳食纤维	主链	分支	参考文献
纤维素	β-1,4-葡萄糖		Olson 等（1987）
β-葡聚糖	β-1,4-葡萄糖和 β-1,3-葡萄糖		Johansson 等（2000）
半纤维素			Olson 等（1987）
木聚糖	β-D-1,4-木糖		
阿拉伯木聚糖	β-D-1,4-木糖	阿拉伯糖	
甘露聚糖	β-D-1,4-甘露糖		
葡甘露聚糖	β-D-1,4-甘露糖和 β-D-1,4-葡萄糖		
半乳葡甘露聚糖	β-D-1,4-甘露糖和 β-D-1,4-葡萄糖	半乳糖	
半乳甘露聚糖	β-1,4-甘露糖	α-D-半乳糖	
木葡聚糖	β-D-1,4-葡萄糖	α-D-半乳糖	
果胶			
同聚半乳糖醛酸	α-1,4-D-半乳糖醛酸		
鼠李半乳糖醛酸聚糖-1	1,4-半乳糖醛酸，1,2-鼠李糖，1-鼠李糖，2-鼠李糖和4-鼠李糖	半乳糖，阿拉伯糖，木糖，鼠李糖，半乳糖醛酸	Oechslin 等（2003）
鼠李半乳糖醛酸聚糖-2	α-1,4-半乳糖醛酸	芹菜糖，乙酸，海藻糖	Vidal 等（2000）
阿拉伯聚糖	α-(1→5)-L-阿拉伯呋喃糖	α-阿拉伯糖	
半乳糖体	β-(1→4)-D-吡喃半乳糖	α-阿拉伯糖	
阿拉伯半乳聚糖-1	β-(1→4)-D-吡喃半乳糖	木糖	Le Goff 等（2001）

续表

膳食纤维	主链	分支	参考文献
阿拉伯半乳聚糖-2	β-(1→3)-D-吡喃半乳糖和 β-(1→6)-D-吡喃半乳糖		
木糖聚半乳糖醛酸	α-1,4-半乳糖醛酸		
菊粉	β-(2→1)-D-果糖基果糖		
树胶			
卡拉胶	硫酸半乳糖		
海藻酸	β-(1→4)-D-甘露糖醛酸		
木质素	酚类，丁香醇，愈创木基，香豆醇		Sun 等 (1999)
壳聚糖	β-(1→4)-D-氨基葡萄糖和 N-乙酰基-D-氨基葡萄糖		Borderías 等 (2005)

2.1.5　膳食纤维改性方法及其对物化功能特性的影响

膳食纤维按溶解度不同可分为不溶性膳食纤维和可溶性膳食纤维，联合国粮食及农业组织/世界卫生组织（FAO/WHO，2005）推荐膳食纤维的人均摄入量为25～35g/d，可溶性膳食纤维的摄入量要≥30%。然而，先前的研究表明，来源于谷物、蔬菜和水果中的膳食纤维可溶性组分较低，为 3%～4%，且口感较差，对水分、葡萄糖和胆汁酸等物质的吸附性能较差，因此，限制了其在食品行业及保健品领域的应用（Galisteo et al.，2005；Mateos-Aparicio et al.，2010）。因此，采用一定的方法对膳食纤维进行改性，使其不溶性膳食纤维转变为可溶性膳食纤维，增加可溶性膳食纤维的含量，从而提高其物化功能特性，这成为目前改性研究的热点。

目前，已有报道的膳食纤维改性方法主要包括：以酸法、碱法和有机试剂法为主的化学改性，以发酵法、酶法为主的生物改性，以高压均质、超高压、挤压爆破、超微粉碎等为主的物理改性，以及采用上述多种方法进行联合改性（Sangnark and Noomhorm，2003；Santala et al.，2014；Chen et al.，2013；Jing and Chi，2013；Mateos-Aparicio et al.，2010）。

1. 化学改性

化学改性是指采用酸液、碱液或有机溶剂对膳食纤维进行处理，使不溶性大分子纤维类物质的糖苷键断裂，聚合度下降，从而转变成可溶性多糖。

Qi 等（2016）采用三种不同浓度（0.20%、1.25%和 2.00%）的硫酸溶液对大米麸皮不溶性膳食纤维进行改性，结果显示，三种改性大米麸皮不溶性膳食纤维的葡萄糖吸收能力和 α-淀粉酶活性抑制能力显著提高，这与改性后膳食纤维的比表面积和孔隙度增加有关。Park 等（2013）采用异丙醇和 NaOH 对大麦膳食纤维进行改性，结果显示，改性后，大麦总膳食纤维的含量有所下降，而可溶性膳食纤维的含量由 1.10% 提高至 6.20%；改性后，葡萄糖含量下降，阿拉伯糖和木糖的含量有一定程度的增加；此外，大麦膳食纤维的溶解度、吸水膨胀性和吸水指数提高。吴丽萍和朱妞（2013）采用 NaOH、乙醇和一氯乙酸对竹笋膳食纤维进行改性，研究表明，改性后，竹笋膳食纤维的表面形成裂缝，水合能力和可溶性膳食纤维的含量均有一定程度的提高，而阳离子交换能力有所降低，说明化学改性对竹笋膳食纤维的物化功能特性和品质有一定的改善作用。

由此可以看出，化学改性可以提高可溶性膳食纤维的含量，改变膳食纤维的结构，增强膳食纤维的物化功能特性。但是，该方法的作用条件比较严苛，改性效果通常受反应时间及 pH 的制约，不适用于大规模工业化生产；此外，化学基团的引入也为改性后膳食纤维添加到食品和保健品中带来一定的风险（Sangnark and Noomhorm，2003）。

2. 生物改性

生物改性方法主要包括发酵法和酶法。发酵法是指在膳食纤维中添加乳酸菌等微生物，利用菌种长时间发酵产生的酸性物质和质子使不溶性纤维素、半纤维素的糖苷键断裂，生成小分子化合物，进而提高膳食纤维的可溶性组分含量和品质。酶法改性是指采用纤维素酶、半纤维素酶、木聚糖酶、虫漆酶、脂肪酶等对膳食纤维进行改性，以期提高可溶性膳食纤维的溶出量，改善膳食纤维的物化功能特性。

涂宗财等（2014）采用乳酸菌处理豆渣膳食纤维，结果显示，乳酸菌发酵后，豆渣膳食纤维的可溶性组分由 6.4% 提高至 9.7%，不溶性和可溶性膳食纤维的比例（IDF/SDF）由 11.6 下降至 7.8，改性膳食纤维的半乳糖、阿拉伯糖和糖醛酸的含量显著增加；X 射线衍射结果表明，改性后豆渣膳食纤维的结晶区域被破坏，表面出现裂缝，内部纤维结构暴露出来；并且改性后豆渣膳食纤维的水合能力、持油能力、重金属离子吸附能力和胆酸吸附指数均有改善。Santala 等（2014）采用内切木聚糖酶、聚半乳糖醛酸酶、纤维素酶等水解小麦麸皮和大米麸皮膳食纤维，水解后，膳食纤维的粒径减小，硬度降低，孔隙度增大，水合性质得到改善。

从目前的研究报道来看，发酵法和酶法对膳食纤维有显著的改性效果，且会改善膳食纤维的口感，增加膳食纤维的种类。但是，微生物菌种的选育是制约发酵法改性的重要障碍，因此，其有较大的研究与发展空间。而酶的专一性强，改性优势更明显。

3. 物理改性

物理改性方法主要包括挤压膨化、高压微射流、高压均质、超微粉碎、超高压技术等，这些方法主要是通过降低膳食纤维的粒径来提高膳食纤维的溶解度，从而改善膳食纤维的物化功能特性。

1）挤压膨化

Yan 等（2015）研究结果显示，挤压膨化处理能够使小麦麸皮膳食纤维的可溶性组分由 9.82%提高至 16.72%，水溶性多糖含量增多，保水能力、吸水膨胀性和自由基清除能力也显著提高。武凤玲（2014）研究了挤压改性苹果膳食纤维的最优工艺条件：物料粒度为 20 目，螺杆转速为 780r/min，加水量为 40%，静置时间为 60min，pH 约为 7，挤压温度约为 125℃，在此条件下，苹果膳食纤维的可溶性组分含量可提高至 24.0%。挤压改性处理虽降低了苹果膳食纤维的保水能力和结合水力，但提高了膳食纤维的堆积密度、吸水膨胀性和持油能力。

2）高压微射流

Chen 等（2013）研究结果显示，高压微射流可以显著地降低桃皮和燕麦不溶性膳食纤维的粒径，可以使部分不溶性膳食纤维转化为可溶性膳食纤维，从而提高膳食纤维的保水能力、吸水膨胀性、持油能力，延缓葡萄糖的扩散速率，提高膳食纤维的葡萄糖吸收能力和 α-淀粉酶活性抑制能力。涂宗财等（2014）研究结果表明，动态高压微射流可以使豆渣膳食纤维中的可溶性组分由 6.79%提高至 10.39%，使 SDF/IDF 降低至 2.6，并且可以改善膳食纤维的水合能力、持油能力和胆汁酸结合能力，但对阳离子交换能力影响不显著。

3）超微粉碎

Zhu 等（2015）采用超微粉碎处理青稞麸皮膳食纤维，结果表明，超微粉碎之后，青稞膳食纤维的粒径下降至微米级，可溶性组分含量显著上升，总酚含量、DPPH 自由基清除活性、持油能力、保水能力、吸水膨胀性、亚硝酸根离子吸附能力明显提高。梅新等（2014）研究表明，超微粉碎技术可以提高甘薯膳食纤维的可溶性组分、果胶和糖醛酸含量，淀粉、纤维素含量降低，保水能力、吸水膨胀性、葡萄糖吸收能力和 α-淀粉酶活性抑制能力显著提高，且高于大豆膳食纤维。

4）超高压技术

Mateos-Aparicio 等（2010）采用超高压技术对豆渣膳食纤维进行改性，结果表明，湿热（60℃）和高压（400MPa）共同作用可以使可溶性膳食纤维的含量提高 8 倍以上，且改性后膳食纤维的糖醛酸含量明显增多，吸水膨胀性、保水能力和持油能力显著提高。李雁等（2012）研究结果显示，600MPa、60℃处理红薯渣不溶性膳食纤维 15min 后，膳食纤维调节血糖、血脂的能力显著提高，当超高压条件为 100MPa、42℃处理 10min 时，膳食纤维清除外源有害物质的能力明显提高，此外，改性红薯渣不溶性膳食纤维的微观结构疏松、光滑，呈现蜂窝式多孔网状结构。

4. 联合改性

Pérez-López 等(2016)的研究结果表明，超高压(600MPa)和 β-葡聚糖酶(0.025%)联合处理豆渣膳食纤维，可使可溶性组分的含量提高至 15.64%，且膳食纤维的溶解度提高。涂宗财等(2014)采用乳酸菌发酵联合动态高压微射流联合改性，可溶性膳食纤维的含量提高至 37%，且可以改善膳食纤维的生理功能。

由上可以看出，膳食纤维经化学法、生物法和物理法改性后，可溶性膳食纤维含量有不同程度的增加，物化功能特性和抗氧化活性也有显著提高，因此，它对高血糖、高血脂、肥胖等多种"现代文明病"具有一定的预防和改善作用。

2.1.6　膳食纤维防治代谢综合征的研究进展

在过去的几十年中，膳食纤维被认为在健康饮食中发挥着重要作用，且所有类型的膳食纤维都具有一定的生理功效(AACC，2001；Galisteo et al.，2010)。医学研究数据表明，膳食纤维可以保持人体健康和预防机体疾病，是一种优质的功能食品。为评价不同膳食纤维的生理功能，除水溶性之外，膳食纤维的黏度、凝胶特性及发酵能力等也需要被考虑。实际上，摄入黏性膳食纤维(主要是可溶性膳食纤维)有助于降低血浆胆固醇水平、调节血糖和使胰岛素正常化，因此可以降低糖尿病和心脑血管疾病的发病率；此外，膳食纤维在大肠中可以部分或完全发酵的特性有利于维持肠道菌群的正常繁殖、保护肠道健康，并且可以预防便秘、防止憩室病的发生(Isken et al.，2010；Toivonen et al.，2014；Li et al.，2014)。许多流行病学研究已经发现，日常生活中，增加富含膳食纤维食物的摄取量，可以明显地抑制和缓解某些癌症的发生，如直肠癌、结肠癌和乳腺癌等(Prentice，2000；Maxwell et al.，2016)。

1. 膳食纤维与肥胖

腹部肥胖及个体脂肪异常分布是机体代谢异常的主要表现，这与胰岛素耐受性高度相关，并且可能诱发心血管疾病。改善这种代谢异常的主要方法是减轻体重、减少身体脂肪比重(Grundy et al.，2004；Choi et al.，2010)。改变或调整生活方式，如经常进行体育锻炼、改善饮食等是长期控制体重及减肥的有效方法(Grundy et al.，2004)。在改善饮食方面，许多研究表明摄入高纤食物有助于控制体重(Choi et al.，2010；Brockman et al.，2012)。Isken 等(2010)研究了可溶性和不可溶性膳食纤维对高脂饮食诱导的 C57BL/6J 小鼠肥胖病的影响，结果表明，长期摄入膳食纤维能够明显地减轻体重，并能增加机体对胰岛素的耐受性。Ibrügger 等(2012)研究表明，亚麻籽膳食纤维能够抑制小鼠食欲，从而减少食物摄入，最终能够抑制肥胖病的发生。一些人体试验也表明，摄入膳食纤维有助于改善体重(Rigaud et al.，1990；Solum et al.，1986)。

大量试验数据表明，膳食纤维对于饥饿和饱腹感的影响基于不同的机制，如其固有的属性和激素效应。与其他复杂的碳水化合物和简单糖类相比，膳食纤维能量密度低，吸水膨胀性大，因此更易于使人产生饱腹感（Howarth et al.，2001；Pereira and Ludwing，2001）。在机体消化道内，可溶性膳食纤维可以减缓餐后血糖及胰岛素反应，从而减少饥饿感（Adam et al.，2014）。膳食纤维也可以影响肠道激素或多肽类物质的分泌，如肠促胰酶肽和胰高血糖样肽-1（GLP-1），还可以影响胃排空并改变体内葡萄糖平衡（Cani et al.，2004；Lin et al.，2012）。动物试验表明，可溶性膳食纤维，如低聚果糖和某些果聚糖，可以增加肠道 GLP-1 和酪酪肽（PYY）的水平，并可以减少胃饥饿素的分泌（Adam et al.，2014）。但是如何摄取膳食纤维来预防和治疗肥胖是一个具有争议性的问题，大多数试验研究表明，膳食纤维一般通过食物来摄取，而不是依靠膳食纤维补充剂。

2. 膳食纤维与胰岛素耐受性/高血糖症

临床观察和流行病学研究数据表明，摄入膳食纤维（包括总膳食纤维、可溶性膳食纤维、不溶性膳食纤维）可以改善胰岛素敏感性和葡萄糖耐量，从而预防和治疗 2 型糖尿病（Costacou and Mayer-Davis，2003）；此外，膳食纤维还有利于增加骨骼肌对葡萄糖的吸收，并通过增加胃内容物的黏度、阻碍碳水化合物的消化吸收等途径来提高胰岛素敏感性（Erukainure et al.，2013；Li et al.，2014）。以 136 名 1 型或 2 型糖尿病患者为研究对象，研究结果表明，摄入碳水化合物相同的情况下，患者摄入富含高剂量膳食纤维的饮食后，餐后血糖浓度降低了21%（Anderson et al.，2004）。芬兰的一项临床随机对照研究结果也显示，当试验对象摄取高剂量的膳食纤维后，后期发展为糖尿病的比例下降了 62%（Lindström et al.，2006）。

一项对自发性高血压大鼠的研究表明，饮食中添加的车前子可以通过增加胰岛素反应元件——葡萄糖转运体 4（GLUT-4）的骨骼肌等离子体膜来阻止胰岛素产生抗性，该作用机制不同于磷脂酰肌醇-3 激酶通路（Song et al.，2000）。另外一种假说强调，脂肪酸可以促进过氧化物酶体增殖物激活受体-γ（PPAR-γ）的分泌，从而增加脂肪细胞中 GLUT-4 的含量（Park et al.，1998）。因此，这些学者认为，可溶性膳食纤维可能在结肠中发酵产生短链脂肪酸（SCFAs），如丙酸和丁酸，通过激活 PPAR-γ 来增加 GLUT-4 的含量（Galisteo et al.，2010；Li et al.，2014）。但是，控制血糖和胰岛素耐受性并不仅限于可溶性膳食纤维。不溶性膳食纤维虽然无黏性，也不能很好地抑制餐后机体的血糖过快升高，但是大部分流行病学研究已经清楚地表明，饮食中添加不溶性膳食纤维及全谷物食品可以明显地降低血浆中的胰岛素浓度，并可以改善胰岛素的敏感程度（Brockman et al.，2012；Erukainure et al.，2013）。有研究表明，摄入谷物纤维可以增加空腹胰岛素浓度（Adam et al.，

2014)，也有研究表明，葡萄糖代谢正常的肥胖人群或超重人群每天摄入一定量的谷物纤维可以显著地提高机体的胰岛素敏感性(Hu et al.，2001)。目前，谷物纤维和不溶性膳食纤维可以提高胰岛素敏感性的作用机制没有被阐明，但是已有相关研究表明，不溶性膳食纤维对血糖调节的作用机制可能与可溶性膳食纤维不同，不溶性膳食纤维的早期效应与结肠发酵无关(Weickert et al.，2005)。

3. 膳食纤维与血脂异常

患有代谢综合征的个体通常也患有动脉粥样硬化，特点是血浆和肝脏中总胆固醇、甘油三酯和低密度脂蛋白胆固醇的含量较高，而高密度脂蛋白胆固醇的含量降低，这是诱发心血管疾病的危险因素。膳食纤维对血浆脂质的影响在过去几十年已经有了较为广泛的研究。很多临床研究和动物试验表明，可溶性膳食纤维具有降低胆固醇的功效(Galisteo et al.，2005；Isken et al.，2010；Kaczmarczyk et al.，2012；Erukainure et al.，2013)。随机对照试验表明，燕麦中可溶性膳食纤维可以降低高胆固醇血症患者血液中的胆固醇浓度，尤其是血浆和肝脏中的低密度脂蛋白胆固醇的浓度(Adam et al.，2014)。Brown 等(1999)的研究表明，果胶、车前草、燕麦麸皮和瓜尔豆胶可以显著地降低血浆中总胆固醇和低密度脂蛋白胆固醇的含量，但对血浆中高密度脂蛋白胆固醇和甘油三酯的含量没有显著性影响。此外，诱发动脉粥样硬化的另一个危险因素是高甘油三酯血症。大部分研究结果显示，膳食纤维对改善健康个体及患有高甘油三酯血症个体的血浆脂质成分没有明显效果(Chen et al.，2006；Aller et al.，2004)。然而，在对 2 型糖尿病患者(极易患有高甘油三酯血症)进行的一项随机交叉试验发现，摄入高纤饮食，尤其富含可溶性膳食纤维的高纤饮食(总膳食纤维摄入量为 50g/d，其中可溶性膳食纤维和不溶性膳食纤维均为 25g/d)6 周后，受试患者的血浆甘油三酯浓度下降了10.2%(Chandalia et al.，2000)。Mandimika 等(2012)采用 7.5%花椰菜膳食纤维喂养 SD 大鼠 4 个月，结果表明，摄入膳食纤维的 SD 大鼠体内血清胆固醇和甘油三酯的水平明显下降，从而证明膳食纤维具有降血脂的保健功效。Hsu 等(2006)研究发现，大鼠摄入从胡萝卜渣中提取的不溶性膳食纤维后，血清中总胆固醇、甘油三酯和肝脏中总胆固醇的浓度显著降低，血清中高密度脂蛋白胆固醇/总胆固醇增大，此外，大鼠排泄物中脂肪、胆汁酸和胆固醇的含量明显提高。也有报道表明，苹果渣膳食纤维(添加量为 5%)能降低试验大鼠的体重、增加大鼠粪便中初级胆汁酸的排出浓度，但是对血浆中脂质的含量影响不大(Sembries et al.，2004)。除动物试验外，体外模型试验也被用来研究纤维素、木质素、壳聚糖、谷物麸皮及水果和蔬菜副产物等膳食纤维降血脂的功效(Kahlon et al.，2007；Peerajit et al.，2012)。

膳食纤维预防和改善高甘油三酯血症的作用机制可能是因为它具有结合胆汁酸的能力(Mandimika et al.，2012)。膳食纤维在小肠内腔中所具有的物化特性可以加速脂蛋白的分解代谢,从而对肝脏胆固醇代谢和合成有十分重要的作用。膳食纤维可以结合胆汁酸、加速胆汁酸的排泄,从而减少体内胆固醇的含量(Fernandez,2001)。此外,膳食纤维具有的降低血糖指数的功效也发挥了降低血浆脂质的作用(Liljeberg and Björck,2000)。并且,低聚果糖改善高甘油三酯血症的作用主要是通过调节脂肪酸合成来达到抑制肝脏脂质合成的目的(Adam et al.,2014)。由于机体内葡萄糖浓度水平可以调节肝脏中脂肪酸合成基因的表达,该调节作用是由胰岛素控制的,因此,也有研究表明,肠降血糖激素可以通过调节机体内的葡萄糖内平衡和增加机体的胰岛素敏感性来预防与改善高脂血症(Li et al.,2014;Adam et al.,2014)。然而,若要对此机制进行彻底清楚的阐述,需要更多的试验数据支持。

4. 膳食纤维与高血压

高血压是代谢综合征的另外一个核心组成部分,可能诱发冠心病、中风和肾脏疾病(Chobanian et al.,2003)。已有研究表明,摄入含有谷物、水果及蔬菜的饮食可以减少高血压患者对降压药物的依赖性,并增强其对高血压的调控能力(Burke et al.,2001)。对 68 名成年高血压患者进行的随机交叉试验表明,患者摄入 β-葡聚糖和车前草(均为 8g/d)后血压值有了小幅度的下降(Jenkins et al.,2002)。部分学者对不同类型膳食纤维的降血压效果进行了研究。自发性高血压大鼠和患有肥胖及糖尿病的 Zucker 大鼠摄入车前草后,收缩压有了一定程度的下降(Obata et al.,1998;Galisteo et al.,2005)。另一项对 2 型糖尿病大鼠的研究表明,长期摄入谷物膳食纤维也可以降低收缩压(Li et al.,2004)。实际上,一些前瞻性研究已经阐述了膳食纤维摄入量与降血压效果之间具有反比关系。对 110 名年龄为 30～65 岁的受试者进行的研究表明,摄入燕麦麸皮(高纤维组总膳食纤维、可溶性膳食纤维和不溶性膳食纤维的摄入量分别为 10.6g/d、5.8g/d和 4.9g/d,低纤维组总膳食纤维、可溶性膳食纤维和不溶性膳食纤维的摄入量分别为 10.5g/d、5.6g/d 和 4.4g/d)12 周后,受试者的收缩压和舒张压都显著地降低了(分别降低 3.4mmHg 和 2.2mmHg),相比之下,低纤维饮食组血压下降不明显(He et al.,2004)。

膳食纤维降血压的作用机制已经有了多种假说。胰岛素耐受性和高胰岛素血症都是诱发高血压的原因(Ferrannini et al.,1987)。所以说,可溶性膳食纤维和不溶性膳食纤维可以通过调节胰岛素耐受性和胰岛素水平来控制血压(King et al.,2005;Qi et al.,2005)。此外,摄入膳食纤维有助于降低体重,而过高的体重也是诱发高血压的主要因素(Neter et al.,2003)。因此,饮食中添加膳食纤维可以有效地控制体重,减少患高血压的风险,从而减少心血管疾病的发病率。

5. 膳食纤维与炎症

有研究发现，膳食纤维摄入量与急性时相反应标记物 C 反应蛋白(CRP)和炎症因子，如白细胞介素-6(IL-6)、白细胞介素-18(IL-18)和肿瘤坏死因子(TNF)有关。CRP、IL-6、IL-18 和 TNF 的含量在代谢异常的患者体内会有明显的增加，并且也有研究表明，膳食纤维摄入量与脂联素关系密切。两个流行病学研究发现，膳食纤维摄入量与血浆 CRP 的浓度呈反比关系(Ajani et al.，2004；Liu et al.，2015)。患有糖尿病的妇女摄入全谷物和麸皮后，CRP 和 TNF 受体 2(TNF-2)的含量有下降趋势(Qi et al.，2006)。

也有报道表明，血浆炎症因子的含量与饮食改变和纤维摄入量有关。相关学者研究了三种不同类型的膳食纤维对健康人体和糖尿病患者体内 IL-18 和脂联素含量的影响，结果表明，高脂饮食可以明显地提高 IL-18 的浓度并减少脂联素的浓度，摄入膳食纤维后，健康人体和糖尿病患者体内 IL-18 的浓度有所下降，而脂联素的含量有所上升(Esposito et al.，2003)。Esposito 等(2003)的研究结果表明，与控制组相比，肥胖妇女摄入膳食纤维后身体质量指数(BMI)、IL-6、IL-8 和 CRP 的含量都有显著的下降。

目前，膳食纤维对脂肪组织中炎症因子、抗炎激素和脂肪细胞因子的作用机制尚不明确。膳食纤维可以减轻体重，大部分减肥试验的结果表明，体重减轻有利于降低 CRP、血浆 TNF 的含量，并可以提高脂联素的含量(Esposito et al.，2003)。膳食纤维的降糖机制可能与抗炎效应的产生有关。King 等(2005)的研究表明，膳食纤维可以降低脂质氧化反应，从而可以抑制炎症因子的产生。膳食纤维的抗炎作用也与其可以发酵产生丁酸盐有关。临床研究表明，丁酸盐能够抑制肠道发炎，预防炎症性肠病的发生(Patz et al.，1996)；并且丁酸盐在巨噬细胞和单核细胞内也可发挥抗炎功效(Segain et al.，2000；Zapolska-Downar et al.，2004)。此外，该研究也表明，丁酸盐的抗炎和抗动脉粥样硬化的特性可能归因于它可以通过激活 PPAR-α 的表达来抑制核因子-κB 的活化，并且与血管细胞黏附分子(VCAM-1)和细胞间黏附因子(ICAM-1)的表达有关(Zapolska-Downar et al.，2004)。

膳食纤维对代谢综合征作用的临床表现为降低体重、调节血脂异常和高血压、改善胰岛素敏感性、调节与代谢有关的炎症因子。膳食纤维因其种类和来源不同，其物化特性和生理功能特性也不相同，因此，明确研究膳食纤维对代谢综合征的作用机制存在一定的困难。具有凝胶特性的可溶性膳食纤维具有凝胶能力，可以在结肠中发酵，因此可以调节大部分的代谢紊乱；而非黏性膳食纤维对代谢综合征的作用机制更加复杂。膳食纤维有利于降低心血管疾病和 2 型糖尿病的发病率。明确每种类型膳食纤维的生化机制可以更好地调节葡萄糖、脂质代谢和激素分泌(图 2.1)。尽管膳食纤维可以通过结肠发酵产生短链脂肪酸来调节血栓和炎症因子，但需要进一步地研究这些效应的作用机制。此外，需要更多的临床研究来探讨膳食纤维与预防代谢综合征之间的关系。

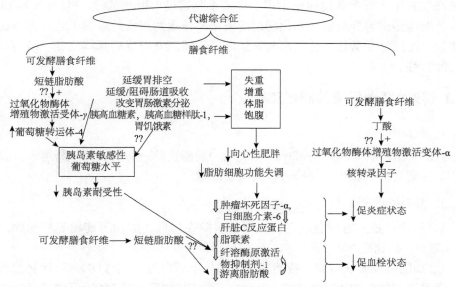

图 2.1　膳食纤维对肥胖、胰岛素耐受性、炎症、血栓的作用及其可能的作用机理

??表示可能的作用机理，需要进一步研究

2.2　孜然膳食纤维的制备工艺、结构及物化功能特性

提取精油和油树脂后的脱脂孜然残渣含有 40%以上的膳食纤维，若将其提取出来，不仅可以提高孜然附加值，增加企业经济效益，实现孜然的综合利用，而且对于"高血糖""高血脂""高血压"等"现代文明病"的发生具有一定的预防和改善作用。近年来，化学法、酶解法和化学试剂与酶解结合法在膳食纤维提取中得到了比较广泛的应用(Englyst et al.，1994)。不同的提取方法会影响膳食纤维的组成和结构，进而影响其物化功能特性(Peerajit et al.，2012)。Nyman（2002）研究结果表明，酸或碱提取会破坏膳食纤维的糖苷键，造成几乎 100%可溶性膳食纤维、30%～40%半纤维素和 10%～20%纤维素的损失。也有相关学者分别采用淀粉酶、胃蛋白酶和胰蛋白酶从麦麸、大豆分离物、大米、谷物麸皮、燕麦和马铃薯渣中提取膳食纤维，但是，上述方法通常会采用多种酶进行连续提取，操作工艺较为烦琐，酶的利用率较低(Prosky et al.，1987；Meyer et al.，2009)。为了解决这一问题，本书引入"剪切乳化辅助酶解法"的概念，该方法是指底物在酶解前采用高剪切乳化设备进行预处理，不仅可以减小底物的粒径，而且可以增大底物的分散性，从而提高酶解效率。剪切乳化辅助酶解法已用于从玉米蛋白中提取多

肽（Quan et al.，2007）。与传统方法相比，剪切乳化辅助酶解法提取条件温和、得率较高、易于实现产业化连续生产。本节主要通过单因素试验、Plackett-Burman试验、响应面试验介绍剪切乳化辅助酶解法制备孜然膳食纤维的工艺，并对比碱提取法、酶解法和剪切乳化辅助酶解法制备孜然膳食纤维的基本成分、结构及物化功能特性。

2.2.1　孜然膳食纤维的制备工艺

1. 工艺流程

孜然籽粒→粉碎→Bligh-Dyer 法脱脂→脱脂孜然→剪切乳化→酶解→灭酶→离心，收集沉淀→烘干、粉碎→孜然膳食纤维。

2. 主要操作步骤

（1）粉碎：孜然籽粒收获后，经风选去除杂质后，采用万能粉碎机粉碎，过40目筛网，得到孜然粉。

（2）Bligh-Dyer 法脱脂：孜然粉：氯仿：甲醇以 1：2：1（$W/V/V$）比例混合均匀，室温下搅拌提取 15min（Bligh and Dyer，1959）后，在 3000g 下离心 15min，弃去上清液，所得沉淀在烘箱中 50℃烘干过夜，得到脱脂孜然粉。

（3）剪切乳化：脱脂孜然粉与水按照一定比例混合后，采用高速剪切乳化机在一定转速下剪切乳化一定时间，使固液两相均匀分布。

（4）酶解：加入一定量的碱性蛋白酶 Alcalase 2.4L，置于相应温度的水浴恒温振荡器中进行酶解，目的是去除脱脂孜然中的蛋白质。

（5）灭酶：酶解结束后，将所得酶解液置于沸水浴中加热 10～15min，以钝化蛋白酶的活性。

（6）离心，收集沉淀：将灭酶后的浆液在 7000g 下离心 20min，去除上清液，收集下层沉淀。

（7）烘干、粉碎：所得沉淀置于 50℃烘箱中过夜干燥，粉碎后即得孜然膳食纤维。

3. 结果

1）孜然及脱脂孜然的主要成分

孜然和脱脂孜然粉的主要成分见表 2.3。由表 2.3 可知，孜然粉中总膳食纤维（TDF）含量为 33.32g/100g，不溶性膳食纤维（IDF）和可溶性膳食纤维（SDF）含量分别为 25.31g/100g 和 8.01g/100g。采用 Bligh-Dyer 法提取孜然中的精油和油树脂后得到脱脂孜然粉，脱脂孜然粉中总膳食纤维含量为 46.01g/100g，不溶性膳食纤维和可溶性膳食纤维含量分别为 34.09g/100g 和 11.91g/100g。脱脂孜然粉中总膳食纤维含量高于米糠(27.04g/100g)、芝麻皮(31.64g/100g)、桃皮(30.7 g/100g)、橘皮(36.9g/100g)和芒果皮(28.05g/100g)中的总膳食纤维含量(Grigelmo-Miguel et al.,1999a；Abdul-Hamid and Luan,2000；Vergara-Valencia et al.,2007；Elleuch et al.,2008)。该结果说明脱脂孜然粉可以作为提取膳食纤维的良好来源。孜然粉和脱脂孜然粉中蛋白质的含量较高，分别为 21.74g/100g 和 28.33g/100g，因此，去除蛋白质是获得高纯度膳食纤维的必要条件。

表 2.3　孜然和脱脂孜然粉主要成分(W/W，干基，g/100g)

样品	蛋白质	脂肪	灰分	淀粉	总膳食纤维	可溶性膳食纤维	不溶性膳食纤维
孜然粉	21.74 ± 0.78^b	22.65 ± 1.02^a	13.29 ± 0.56^b	1.69 ± 0.12^a	33.32 ± 0.58^b	8.01 ± 0.23^b	25.31 ± 0.41^b
脱脂孜然粉	28.33 ± 0.49^a	1.40 ± 0.05^b	15.41 ± 0.87^a	1.12 ± 0.23^b	46.01 ± 0.94^a	11.91 ± 0.35^a	34.09 ± 0.27^a

注：不同字母代表有显著性差异($P < 0.05$)。

2) 剪切乳化辅助酶解法制备孜然膳食纤维单因素试验

(1)不同固液比对孜然膳食纤维提取率的影响(图 2.2)：孜然膳食纤维的提取率随着固液比的增大逐渐升高，固液比为 1∶35 时，膳食纤维提取率达到最大值，为 95.21%，膳食纤维纯度为 77.79%；当固液比继续增大，膳食纤维提取率和纯度均没有显著变化。这是因为当固液比过小时(1∶20 以下)，料液黏性较高，流动性较差，酶与底物的扩散速率均较缓慢，从而阻碍酶与底物之间的相互作用，因此蛋白质降解速率变慢，膳食纤维提取率较低；当固液比逐渐增大时，料液流动性较好，酶与底物之间的扩散速率变大，有利于酶与底物之间的相互作用。

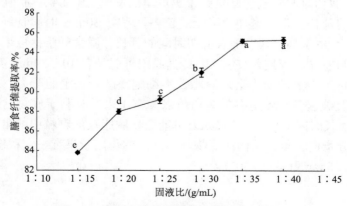

图 2.2　固液比对孜然膳食纤维提取率的影响

不同字母代表有显著性差异($P < 0.05$)；下同

(2)不同剪切转速对孜然膳食纤维提取率的影响(图 2.3)：孜然膳食纤维的提取率随剪切转速的增加呈现先上升后下降的趋势，剪切转速为 7000r/min 时，膳食纤维的提取率达到最大值，为 97.46%。这可能是由于转速的升高使物料颗粒受到的剪切力变大，从而使物料颗粒变得更加细小，与酶之间的接触更加充分。当剪切转速大于 7000r/min 时，膳食纤维提取率有所下降，这可能是因为剪切转速过高，造成脱脂孜然颗粒的聚集；此外，有文献报道，一定强度的机械处理(如剪切、均质等)会降低蛋白乳状液的粒度,若施加的机械强度和时间超过一定范围后，蛋白乳状液在碰撞过程中容易聚集，从而导致体系出现絮凝、相分离等状态，因此，考虑脱脂孜然颗粒的聚集可能与脱脂孜然中含有的蛋白质发生聚集，从而造成脱脂孜然浆液出现絮凝、分层等现象有关，最终影响后续的酶解效率和膳食纤维提取率(罗东辉，2010；Jafari et al.，2007)。

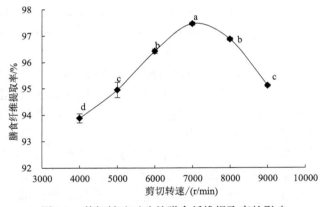

图 2.3　剪切转速对孜然膳食纤维提取率的影响

(3)不同剪切时间对孜然膳食纤维提取率的影响(图 2.4)：膳食纤维提取率随剪切时间的延长呈现先增加后降低的趋势。剪切 30min 时膳食纤维提取率达到最大值，为 96.38%；其后随着剪切时间的延长，膳食纤维提取率有所下降，且各水平之间差异比较显著($P<0.05$)。其原因可能是在 10～30min 剪切时间内，剪切均质设备产生的剪切力会对脱脂孜然细胞壁产生一定的压力，从而造成细胞壁的变形及破裂，导致更多的蛋白位点暴露出来，有利于底物与酶之间相互接触；然而，长时间的剪切(＞30min)可能会使脱脂孜然颗粒中的蛋白质聚集变大，掩盖部分蛋白位点，从而使底物与酶之间的作用效果有一定程度的降低(罗东辉，2010；Jafari et al.，2007)。

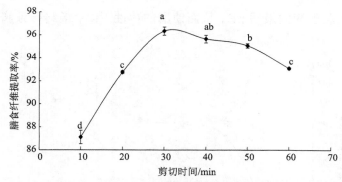

图 2.4　剪切时间对孜然膳食纤维提取率的影响

　　(4) 不同酶与底物浓度比 (E/S) 对孜然膳食纤维提取率的影响 (图 2.5)：孜然膳食纤维的提取率随着 E/S 的增加呈现先增加后降低的趋势，当 E/S 为 4% 时，膳食纤维提取率达到最大值，为 96.19%。方差分析的结果显示，E/S 对膳食纤维提取率的影响显著，这表明 E/S 对膳食纤维提取率有很大的影响。

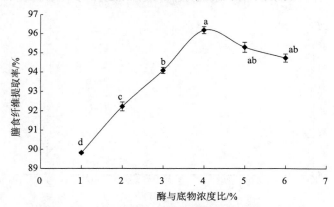

图 2.5　酶与底物浓度比对孜然膳食纤维提取率的影响

　　(5) 不同酶解时间对孜然膳食纤维提取率的影响 (图 2.6)：从图 2.6 中可以看出，酶解时间对孜然膳食纤维提取率的影响比较显著。随着酶解时间的延长，膳食纤维的提取率逐渐增大，当酶解时间大于 150min 时，膳食纤维的提取率基本不随时间的延长而继续增大，维持在 96% 左右，这可能是由于酶与底物之间的接触达到饱和，不再受时间影响。

　　(6) 不同 pH 对孜然膳食纤维提取率的影响 (图 2.7)：膳食纤维的提取率随着 pH 的升高呈现先增加后降低的趋势。当 pH 为 7.5 时，膳食纤维的提取率达到最大值，为 96.47%。这可能是由于随着 pH 的升高，环境条件逐渐达到了酶的最适 pH；当 pH 从 7.5 继续增大时，膳食纤维的提取率明显下降。这可能是由于环境 pH 高于酶的最适 pH，从而使酶的活性下降，最终导致膳食纤维的提取率下降。

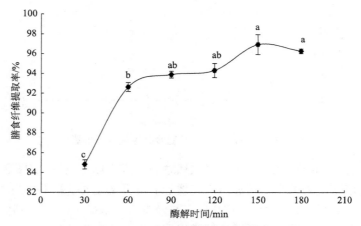

图 2.6　酶解时间对孜然膳食纤维提取率的影响

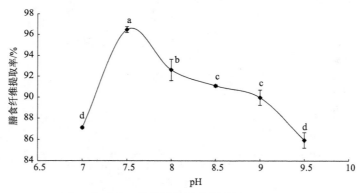

图 2.7　酶解 pH 对孜然膳食纤维提取率的影响

(7)不同酶解温度对孜然膳食纤维提取率的影响(图 2.8)：孜然膳食纤维提取率随着酶解温度的升高呈先增加后降低的趋势，当温度达到 55℃时，膳食纤维的提取率最高，这可能是因为该温度为试验用蛋白酶的最适温度，在该温度下，蛋白酶活性达到最大，使脱脂孜然中的蛋白质降解得更加充分；当温度继续升高，孜然膳食纤维的提取率下降，这主要是因为酶解温度超过了蛋白酶的最适温度，使酶的活性变小甚至失活，从而对脱脂孜然中蛋白质的降解不充分，最终影响膳食纤维的提取率。

3)剪切乳化辅助酶解法制备孜然膳食纤维的 Plackett-Burman 试验

根据上述单因素的试验结果，采用 Plackett-Burman 试验对剪切转速、剪切时间、固液比、酶与底物浓度比、酶解时间、pH 和酶解温度进行筛选，目的是筛选出对膳食纤维提取率影响较为显著的因素。

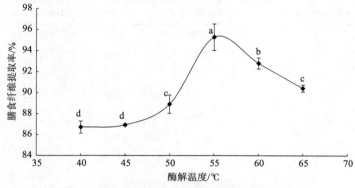

图 2.8 酶解温度对孜然膳食纤维提取率的影响

表 2.4 结果表明，Plackett-Burman 试验设计的模型是显著的($P<0.05$)，这说明该试验可以对实际过程进行很好的预测。剪切转速、剪切时间、固液比对孜然膳食纤维的提取率影响不显著($P>0.05$)，酶与底物浓度比、酶解温度、pH 和酶解时间对孜然膳食纤维的提取率影响显著($P<0.05$)。

表 2.4 Plackett-Burman 试验设计及结果

因素	单位	水平		F 值	P 值
		−1	1		
模型	—	—	—	26.72	0.0104
剪切转速	r/min	4000	8000	5.39	0.1029
剪切时间	min	20	40	0.01	0.9470
虚拟变量	—	—	—	4.86	0.1146
固液比	g/mL	30	40	0.81	0.4344
酶与底物浓度比	%	3	5	8.22	0.0342
酶解温度	℃	50	60	112.66	0.0018
pH	—	7	8	41.84	0.0075
酶解时间	min	120	180	39.97	0.0080

4) 剪切乳化辅助酶解法制备孜然膳食纤维的响应面试验

响应面设计方案和试验结果见表 2.5。

表 2.5　响应面设计方案和试验结果

编号	因素				Y/%
	酶与底物浓度比(X_1)	酶解温度(X_2)	pH(X_3)	酶解时间(X_4)	
1	4(0)	55(0)	8(1)	120(−1)	89.56
2	4(0)	55(0)	7(−1)	120(−1)	81.87
3	4(0)	55(0)	7.5(0)	150(0)	96.45
4	3(−1)	60(1)	7.5(0)	150(0)	90.37
5	3(−1)	55(0)	7.5(0)	180(1)	90.26
6	5(1)	50(−1)	7.5(0)	150(0)	87.72
7	4(0)	55(0)	7.5(0)	150(0)	96.48
8	4(0)	55(0)	7.5(0)	150(0)	96.47
9	5(1)	55(0)	7.5(0)	150(0)	91.94
10	5(1)	55(0)	7(−1)	150(0)	87.14
11	5(1)	55(0)	7.5(0)	120(−1)	89.04
12	5(1)	55(0)	8(1)	150(0)	91.23
13	4(0)	55(0)	7(−1)	180(1)	88.18
14	5(1)	55(0)	7.5(0)	180(1)	90.85
15	4(0)	55(0)	7.5(0)	150(0)	94.54
16	4(0)	50(−1)	7(−1)	150(0)	81.19
17	3(−1)	55(0)	7.5(0)	120(−1)	84.33
18	3(−1)	50(−1)	7.5(0)	150(0)	82.78
19	4(0)	55(0)	8(1)	180(1)	91.12
20	3(−1)	55(0)	7(−1)	150(0)	83.97
21	4(0)	60(1)	8(1)	150(0)	90.87
22	4(0)	50(−1)	8(1)	150(0)	87.43
23	4(0)	60(1)	7(−1)	150(0)	88.29
24	3(−1)	55(0)	8(1)	150(0)	90.11
25	4(0)	60(1)	7.5(0)	120(−1)	88.69
26	4(0)	50(−1)	7.5(0)	120(−1)	81.09
27	4(0)	50(−1)	7.5(0)	180(1)	86.97
28	4(0)	55(0)	7.5(0)	150(0)	96.47
29	4(0)	60(1)	7.5(0)	180(1)	91.69

采用 Design-Expert 7.0.0 软件对表 2.5 的数据进行多元回归拟合,得到响应值

Y 对影响因素 X_1、X_2、X_3 及 X_4 的二次多项式回归模型，如式(2.1)所示：

$$Y=96.08+1.34X_1+2.89X_2+2.47X_3+2.04X_4-3.35X_{12}-4.69X_{22}-4.45X_{32}-4.11X_{42}-0.84X_1X_2$$
$$-0.51X_1X_3-1.03X_1X_4-0.92X_2X_3-0.72X_2X_4-1.19X_3X_4 \qquad (2.1)$$

对式(2.1)的模型进行方差分析，结果见表 2.6。由方差分析可以看出二次模型对 Y 的影响是极显著的($P<0.01$)。

表 2.6　孜然膳食纤维提取率试验结果的方差分析

变异来源	平方和	自由度	均方	F 值	P 值
模型	557.80	14	39.84	109.45	<0.0001
X_1	21.60	1	21.60	59.34	<0.0001
X_2	100.17	1	100.17	275.17	<0.0001
X_3	73.41	1	73.41	201.66	<0.0001
X_4	49.98	1	49.98	137.30	<0.0001
X_1X_2	2.84	1	2.84	7.80	0.0144
X_1X_3	1.05	1	1.05	2.89	0.1114
X_1X_4	4.24	1	4.24	11.66	0.0042
X_2X_3	3.35	1	3.35	9.20	0.0089
X_2X_4	2.07	1	2.07	5.70	0.0317
X_3X_4	5.64	1	5.64	15.50	0.0015
X_1^2	72.89	1	72.89	200.24	<0.0001
X_2^2	142.74	1	142.74	392.11	<0.0001
X_3^2	128.43	1	128.43	352.82	<0.0001
X_4^2	109.76	1	109.76	301.51	<0.0001
残差	5.10	14	0.36		
失拟误差	2.12	10	0.21	0.29	0.9508
纯误差	2.97	4	0.74		
总和	562.90	28	0.74		

预测 R^2=0.9909

Box-Behnken 试验设计中，方差分析的 P 值和模型中的变量系数可以反映变量对响应值的影响程度，P 值越小，系数越大，相应变量对响应值的影响越大(张燕燕，2012)。回归分析表明，响应面试验中，4 个因素的线性影响效果都是极显著的($P<0.01$)。从表 2.6 中的 P 值和式(2.1)中各因素的系数可以看出，对孜然膳食纤

维提取率影响最显著的因素是 X_2，其次是 X_3、X_4、X_1；此外，各个因素的二次项（X_{12}、X_{22}、X_{32}、X_{42}）对孜然膳食纤维提取率的影响也都是极显著的（$P<0.01$），交互项 X_1X_4、X_2X_3 和 X_3X_4 对孜然膳食纤维提取率的影响是极显著的（$P<0.01$）；X_1X_2 和 X_2X_4 也会影响孜然膳食纤维的提取率，但是影响效果不是极显著的（$P<0.05$）；X_1X_3 对孜然膳食纤维提取率的影响不显著（$P>0.05$）。R^2 通常用于表示响应面模型和实际试验的吻合程度，R^2 越接近 1，说明二者的吻合程度越高。在本试验中，预测模型的 $R^2=0.9909$，P 值是 0.9508>0.05，所以失拟不显著，由此可知式(2.1)的数学模型拟合良好。根据回归模型，得到孜然膳食纤维提取率的最大预测值为 96.99%，优化组合为 $X_1=4.12\%$，$X_2=56.30℃$，$X_3=7.61$，$X_4=155.33min$。

三维响应面图可以用来反映自变量的交互作用对响应值的影响，分别将模型的酶与底物浓度比、酶解温度、酶解 pH 及酶解时间中两个因素固定在零水平，探讨另外两个因素的交互作用对孜然膳食纤维提取率的影响，并根据所得模型分别绘制三维响应面图。

图 2.9 是酶与底物浓度比和酶解时间交互作用对膳食纤维提取率的影响，其中 pH 和温度固定在零水平。从图 2.9(a)中可以看出，膳食纤维提取率随着酶与底物浓度比和酶解时间的增加而增加，在酶与底物浓度比和酶解时间分别为 4.10% 和 155.30min 时达到最大值；在此之后，膳食纤维提取率又有所减小。该方法与传统酸碱提取法、多酶连续提取法相比，膳食纤维提取率明显增大，且膳食纤维纯度也较高（Sowbhagya et al.，2007；Meyer et al.，2009；Thomassen et al.，2011）。从 2.9(b)等高线变化趋势图可以看出，当酶与底物浓度比处于 4.0%～4.5% 及酶解时间处于 150～165min 范围内时，膳食纤维提取率达到较高值。

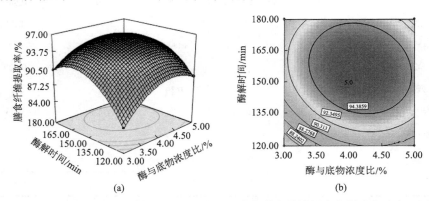

图 2.9　酶与底物浓度比和酶解时间交互作用对孜然膳食纤维提取率影响的响应面图(a)
和等高线图(b)

图 2.10 所示为酶解 pH 和酶解温度交互作用对膳食纤维提取率的影响，其中酶与底物浓度比和酶解时间固定在零水平。从图 2.10(a)中可以看出，pH 不变，

随着温度的升高，膳食纤维提取率呈现先增加后减小的趋势，这主要是因为反应温度逐渐达到了酶的最适温度，还可能是因为温度升高加快了酶分子与底物分子间的碰撞频率，从而提高了膳食纤维的提取率，当温度进一步提高可能会导致酶变性甚至失活，从而使膳食纤维提取率减小；温度不变，随着 pH 的升高，膳食纤维提取率逐渐增大，达到最大值后减小，呈二次函数关系，这可能是由于 pH 的增大会破坏酶的空间构象，使部分酶分子失活，此外，还可能使底物不能与酶活性中心结合或结合后不能生成产物，最终影响酶解反应的进行。从图 2.10（b）等高线图可以看出，pH 和温度两个影响因素之间有较强的交互作用，当温度处于 55.0～57.5℃ 及 pH 处于 7.50～7.75 范围内时，膳食纤维提取率达到较高值。

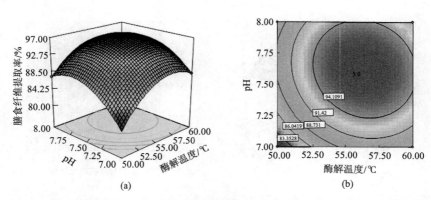

(a) 　　　　　　　　　　　　　　(b)

图 2.10　酶解 pH 和酶解温度交互作用对孜然膳食纤维提取率影响的响应面图（a）和等高线图（b）

　　图 2.11 所示为酶解 pH 和酶解时间交互作用对膳食纤维提取率的影响，其中酶与底物浓度比和温度固定在零水平。从图 2.11（a）中可以看出，pH 在低水平时，需要增加酶解时间来提高膳食纤维的提取率，因为酶解时间的延长可以使酶与蛋白质分子充分作用，形成更多的共价交联，最终提高膳食纤维的提取率；当酶解时间较短时，随着 pH 的升高，孜然膳食纤维的提取率呈先增加后降低的趋势，呈二次函数关系。从图 2.11（b）等高线变化趋势可以看出，当 pH 处于 7.7～7.75 及酶解时间处于 150～165min 范围内时，膳食纤维提取率达到较高值。

　　图 2.12 所示为酶与底物浓度比和酶解温度交互作用对膳食纤维提取率的影响，其中酶解 pH 和酶解时间固定在零水平。从图 2.12（a）中可以看出，酶解温度较低时，随着酶与底物浓度比的增加，孜然膳食纤维提取率逐渐增大；温度较高时，酶与底物浓度比较低时，膳食纤维提取率也比较大，增加酶与底物浓度比对膳食纤维提取率的影响不大。从图 2.12（b）等高线变化趋势可以看出，当酶与底物浓度比处于 4.0%～4.5% 及温度处于 55.0～57.5℃ 范围内时，膳食纤维提取率达到较高值。

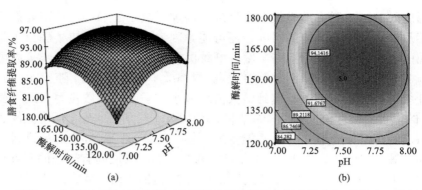

(a)　　　　　　　　　　　　　　　　　　(b)

图 2.11　酶解 pH 和酶解时间交互作用对孜然膳食纤维提取率影响的响应面图(a)和等高线图(b)

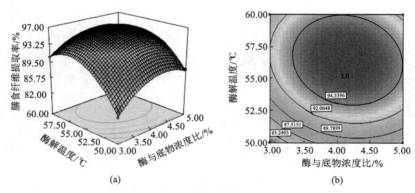

(a)　　　　　　　　　　　　　　　　　　(b)

图 2.12　酶与底物浓度比和酶解温度交互作用对孜然膳食纤维提取率
影响的响应面图(a)和等高线图(b)

　　结合响应面试验的结果，并综合考虑成本和工艺要求，最终确定提取孜然膳食纤维的最佳工艺参数：酶与底物浓度比为 4.5%，酶解温度为 57.0℃，酶解 pH 为 7.70，酶解时间为 155min，所得膳食纤维提取率(Y)为 95.12%，与理论预测值相比没有显著性差异($P>0.05$)。该方法操作简便，能耗低，易于实现工业化生产，有广阔的市场应用前景。

2.2.2　孜然膳食纤维的基本成分

1. 提取方法

　　分别采用碱提取法、酶解法和剪切乳化辅助酶解法制备孜然膳食纤维，方法如下所示。

1) 碱提取法

　　准确称取 100g 脱脂孜然粉置于锥形瓶中,按固液比 1∶15(W/V)加入 0.5mol/L NaOH 溶液，混合摇匀后置于恒温水浴摇床中，转速调节至 150r/min，50℃振荡提取 2h。反应结束后，采用 0.5mol/L HCl 溶液将混合液 pH 调至中性，7000g 离心 15min，所得沉淀用蒸馏水洗涤两次，置于 55℃烘箱中干燥 16h（Lan et al.，2012）。所得膳食纤维简写为 AEDF。

2）酶解法

准确称取 100g 脱脂孜然粉置于锥形瓶中，按固液比 1∶35（W/V）加入蒸馏水混合摇匀，用 2mol/L NaOH 溶液调 pH 至 7.7，按酶与底物浓度比 4.5%加入 Alcalase 2.4L，于 57℃恒温水浴摇床中振荡提取 155min，摇床转速为 150r/min。反应结束后，所得混合液在 95℃水浴中加热 15min 以钝化酶活，冷却至室温后，7000g 离心 20min，所得沉淀用蒸馏水洗涤两次，置于 55℃烘箱中干燥 16h。所得膳食纤维简写为 EHDF。

3）剪切乳化辅助酶解法

准确称取 100g 脱脂孜然粉置于锥形瓶中，按固液比 1∶35（W/V）加入蒸馏水混合摇匀，室温下用剪切乳化设备在 7000r/min 条件下剪切处理 30min 后进行酶解，酶解条件与"酶解法"条件相同。所得膳食纤维简写为 SEDF。

将上述三种膳食纤维用万能粉碎机在中速下粉碎 2min，分别过 40 目、80 目、100 目、120 目和 150 目筛网，得到不同粒径的膳食纤维，4℃避光保存。

2. 结果

三种不同提取方法制备孜然膳食纤维的基本成分见表 2.7。从表 2.7 中可以看出，与碱提取法和酶解法所得膳食纤维相比，剪切乳化辅助酶解法所得膳食纤维总量最高，为 84.18g/100g，而蛋白质含量最低（3.64g/100g）。这可能是因为剪切均质预处理使蛋白质变性、促进蛋白结构伸展等，使蛋白质更易于被 Alcalase 2.4L 水解（Dong et al.，2011）。此外，剪切乳化辅助酶解法所得膳食纤维中总膳食纤维含量高于芒果（74.00g/100g）、柠檬（70.76g/100g）和黄色百香果（71.79g/100g）中总膳食纤维含量，且与西红柿中总膳食纤维含量相似（84.16g/100g）（Gourgue et al.，1992；Navarro-González et al.，2011；López-Vargas et al.，2013）。剪切乳化辅助酶解法所得膳食纤维中可溶性膳食纤维含量为 12.26g/100g，且不溶性膳食纤维/可溶性膳食纤维为 5.87，显著低于碱提法和酶解法所得膳食纤维中不溶性膳食纤维/可溶性膳食纤维（分别为 146.95 和 8.63）。该结果可能是因为强碱溶液会使膳食纤维糖苷键断裂，破坏大部分可溶性膳食纤维、部分纤维素和半纤维素，从而影响不溶性膳食纤维和可溶性膳食纤维的相对含量（Nyman，2002）。

另外，剪切乳化辅助酶解法所得膳食纤维中可溶性膳食纤维含量高于 10g/100g，也高于椰子（4.53g/100g）、玉竹（5.49～9.80g/100g）和一些谷物膳食纤维，如大米和燕麦中可溶性组分的含量（分别为 0.19g/100g 和 4.21g/100g）（Raghavarao et al.，2008；Elleuch et al.，2008；Lan et al.，2012）。Galisteo 等（2005）研究结果

表明，可溶性膳食纤维能降低血液胆固醇浓度，有助于调节血糖和胰岛素水平，这说明可溶性膳食纤维有助于预防和/或改善心脑血管疾病和 2 型糖尿病。Tosh 和 Yada（2010）研究发现，在某些传统食物，如面包中加入可溶性膳食纤维，会提高面包的持油能力和保水能力。因此，剪切乳化辅助酶解法所得膳食纤维可作为一种功能性成分添加到食品或保健品中。

表 2.7　不同提取方法对孜然膳食纤维基本成分的影响

基本成分	AEDF	EHDF	SEDF
水分/(g/100g)	3.53 ± 0.18^c	3.86 ± 0.25^e	3.03 ± 0.12^d
蛋白质/(g/100g)	14.02 ± 0.12^c	8.04 ± 0.023^d	3.64 ± 0.033^e
脂肪/(g/100g)	1.04 ± 0.054^d	1.08 ± 0.0091^c	1.09 ± 0.08^c
灰分/(g/100g)	19.81 ± 0.94^a	9.55 ± 0.56^d	5.69 ± 0.21^e
淀粉/(g/100g)	1.01 ± 0.024^c	1.02 ± 0.024^c	1.02 ± 0.27^c
总膳食纤维/(g/100g)	62.14 ± 0.84^c	75.58 ± 0.64^b	84.18 ± 0.58^a
可溶性膳食纤维/(g/100g)	0.42 ± 0.023^e	7.85 ± 0.54^d	12.26 ± 0.41^a
不溶性膳食纤维/(g/100g)	61.72 ± 0.85^c	67.73 ± 0.23^b	71.92 ± 0.84^a
不溶性膳食纤维/可溶性膳食纤维	146.95 ± 1.56^a	8.63 ± 0.41^b	5.87 ± 0.28^c
钾/(g/100g)	1.01 ± 0.0024^d	1.06 ± 0.12^c	1.24 ± 0.01^b
钙/(g/100g)	0.79 ± 0.0014^d	0.78 ± 0.011^d	0.91 ± 0.01^c
镁/(g/100g)	0.45 ± 0.0017^b	0.35 ± 0.0012^c	0.32 ± 0.02^d
铁/(g/100g)	0.029 ± 0.0021^d	0.030 ± 0.0014^{cd}	0.031 ± 0.001^c

注：AEDF：碱提取法所得膳食纤维；EHDF：酶解法所得膳食纤维；SEDF：剪切乳化辅助酶解法所得膳食纤维；不同字母代表有显著性差异（$P < 0.05$）。

2.2.3　不同提取方法所得孜然膳食纤维的结构

1. 扫描电子显微镜

图 2.13（a）和（b）结果表明，脱脂前后孜然的微观结构没有发生明显变化。图 2.13（d）和（e）结果显示，酶解法和剪切乳化辅助酶解法所得膳食纤维均有蜂窝式网状结构，而碱提取法所得膳食纤维并没有出现蜂窝式网状结构 [图 2.13 （c）]。这可能是因为与碱提取法相比，酶解法和剪切乳化辅助酶解法中用到的蛋白酶会去除更多的包裹在膳食纤维内部和周围的蛋白质，从而使膳食纤维结构充分暴露出来，也可能是因为碱提取法中用到的 NaOH 溶液破坏了膳食纤维的网状结构。此外，与酶解法相比，剪切乳化辅助酶解法所得膳食纤维的蜂窝式网状结构更为明显、均匀，这可能是因为酶解前经过剪切均质预处理可以使细胞壁表面的孔径变大，也可以使膳食纤维之间的连接键更加疏松（Ulbrich and Flöter，2014）。

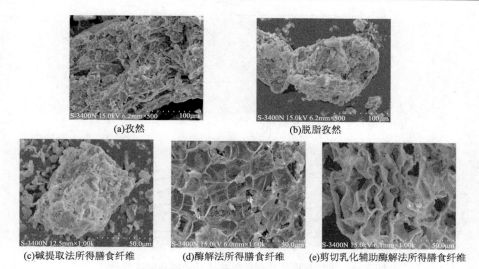

(a)孜然　　　　　　　　　　　　(b)脱脂孜然

(c)碱提取法所得膳食纤维　　(d)酶解法所得膳食纤维　　(e)剪切乳化辅助酶解法所得膳食纤维

图 2.13　不同提取方法对孜然膳食纤维微观结构的影响

2. X 射线衍射

已有研究表明，膳食纤维类物质是由 70%有序结晶区和 30%无序非晶态纤维素、半纤维素区组成，有序的纤维素区具有结晶性，且结晶度高低与蛋白质含量呈负相关（Raghavarao et al.，2008；Lan et al.，2012）。图 2.14 结果显示，孜然、脱脂孜然、酶解法和剪切乳化辅助酶解法所得膳食纤维在 12.5°～28°均有一个表示结晶区域的规则尖峰，并且结晶峰的位置和宽度没有显著性差异，这说明在酶解法和剪切乳化辅助酶解法提取膳食纤维的过程中，采用的机械处理和酶解不会破坏膳食纤维中纤维素的结晶区域（Zhao et al.，2013）。而碱提取法所得膳食纤维在该区域的结晶峰不规则，这可能是因为碱溶液破坏了纤维素的结构，使其结晶区部分转化为无定形区（Wennberg and Nyman，2004）。

3. 傅里叶变换红外光谱扫描

图 2.15 所示为在 400～4000cm^{-1} 范围内孜然、脱脂孜然和三种膳食纤维的红外光谱图。从图 2.15 中可以看出，孜然、脱脂孜然和三种不同提取方法所得膳食纤维在某些波长处的吸收峰相似，只是吸收峰的强度和面积发生了改变，孜然、脱脂孜然和三种膳食纤维均在 3411cm^{-1}、3000cm^{-1}、1634cm^{-1} 及 1000～1300cm^{-1} 处有吸收峰，其中 3411cm^{-1} 附近的吸收峰表示纤维素、半纤维素中 O—H 的伸缩振动，3000cm^{-1} 附近是糖类亚甲基上 C—H 的伸缩振动，1634cm^{-1} 处是木质素中苯环的特征吸收峰，1000～1300cm^{-1} 附近是纤维素和半纤维素中 C—O 的伸缩振动（Tao，2008；Zhao et al.，2013）。这与小麦麸皮膳食纤维的分子结构特征基本一致（Tao，2008）。

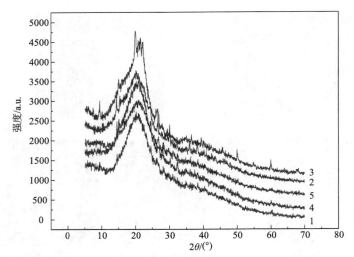

图 2.14　不同提取方法对孜然膳食纤维结晶区域的影响

1：孜然；2：脱脂孜然；3：碱提取法所得膳食纤维；4：酶解法所得膳食纤维；
5：剪切乳化辅助酶解法所得膳食纤维

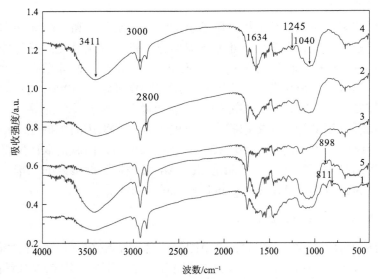

图 2.15　不同提取方法对孜然膳食纤维官能团结构的影响

1：孜然；2：脱脂孜然；3：碱提取法所得膳食纤维；4：酶解法所得膳食纤维；
5：剪切乳化辅助酶解法所得膳食纤维

此外，酶解法和剪切乳化辅助酶解法所得膳食纤维在 $1245cm^{-1}$、$1040cm^{-1}$、$898cm^{-1}$ 和 $811cm^{-1}$ 处有吸收峰。其中，$1245cm^{-1}$ 和 $1040cm^{-1}$ 处吸收峰表示纤维素和半纤维素中 C—O 的变形振动和伸缩振动，$898cm^{-1}$ 和 $811cm^{-1}$ 处吸收峰表示多

糖分子中 β-糖苷键的伸缩振动(Tao，2008)。然而，碱提取法所得膳食纤维在这四处的吸收峰消失，这表明碱液可以使纤维素和半纤维素的分子内氢键、果胶和多糖分子的 β-糖苷键断裂，从而破坏了部分果胶、纤维素和半纤维素(Tao，2008)。

2.2.4　孜然膳食纤维的物化功能特性

1. 孜然膳食纤维的粒径

膳食纤维粒径不同，其比表面积、多孔性、发酵性及肠道中的通过时间和膨胀程度均不相同，这些影响其物化功能特性，如水合性质、葡萄糖吸收能力和胆汁酸阻滞指数等，也会影响结肠的正常生理功能(Wuttipalakorn et al.，2009；Tosh and Yada，2010；Peerajit et al.，2012)。

采用不同目数，如 40 目、80 目、100 目、120 目和 150 目的筛网对碱提取法、酶解法和剪切乳化辅助酶解法所得膳食纤维进行筛分，粒径分布见表 2.8，结果以面积平均径($D_{3.2}$)表示。筛分后，碱提取法所得膳食纤维的粒径分布范围为 25.63～65.06μm，酶解法所得膳食纤维的粒径分布范围为 24.25～60.21μm，剪切乳化辅助酶解法所得膳食纤维的粒径分布范围为 14.02～46.44μm。由上述结果可以看出，剪切乳化辅助酶解法所得膳食纤维的粒径最小，这可能是因为剪切均质预处理过程中高素流速率和强剪切力降低了物料的粒径。而酶解法所得膳食纤维的粒径略低于碱提取法，这可能是因为蛋白质在酶解过程中转变为更小分子的单体(Dong et al.，2011)。

表 2.8　不同筛分目数下三种膳食纤维的粒径分布

筛分目数/目	$D_{3.2}$/μm		
	AEDF	EHDF	SEDF
未筛分	70.08[Aa]	67.85[Ba]	50.63[Ca]
40	65.06[Ab]	60.21[Bb]	46.44[Cb]
80	56.61[Ac]	55.47[Bc]	39.04[Cc]
100	48.00[Ad]	45.32[Bd]	31.88[Cd]
120	37.98[Be]	39.68[Ae]	22.38[Ce]
150	25.63[Af]	24.25[Bf]	14.02[Cf]

注：AEDF：碱提取法所有膳食纤维；EHDF：酶解法所得膳食纤维；SEDF：剪切乳化辅助酶解法所得膳食纤维。

A～C：表示每一行的显著性差异分析($P < 0.05$)；a～f：表示每一列的显著性差异分析($P < 0.05$)；下同

2. 孜然膳食纤维的物化特性

保水能力、吸水膨胀性和持油能力的大小是衡量膳食纤维品质好坏的重要指标。保水能力、吸水膨胀性和持油能力越大，表示膳食纤维的吸水、吸油能力越大，这与膳食纤维的比表面积、不溶性组分和可溶性组分的含量、电荷密度及疏水性能等有关(Caprez et al., 1986; Peerajit et al., 2012)。

1)保水能力

保水能力是指膳食纤维在外界离心力或压力的作用下保持水分的能力，该数值与结合水、流动水及膳食纤维通过物理方式截留的水分有关，而后者对膳食纤维的保水能力贡献最大(Lan et al., 2012)。图2.16(a)表示不同粒径下三种膳食纤维的保水能力，从图中可以看出，未筛分时剪切乳化辅助酶解法所得膳食纤维的保水能力(6.26g/g)高于酶解法(5.48g/g)和碱提取法(3.30g/g)所得膳食纤维的保水能力，这可能与剪切乳化辅助酶解法所得膳食纤维具有较高的孔隙度和可溶性膳食纤维含量有关(Chau et al., 2007)。当筛分目数由40目增大至120目时，三种膳食纤维的保水能力均随着筛分目数的增大而增加；当筛分目数进一步增大至150目时，三种膳食纤维的保水能力却有下降的趋势，这可能是因为筛分目数进一步增大，膳食纤维受到的机械剪切力增大，使膳食纤维多糖分子间的连接键断裂，从而降低了保水能力。当筛分目数为120目时，碱提取法、酶解法和剪切乳化辅助酶解法提取所得膳食纤维的保水能力分别为7.28g/g、6.03g/g和6.41g/g。碱提取法所得膳食纤维的保水能力较高，这可能是因为其含有较多的不溶性膳食纤维，该膳食纤维可以结合更多的水分，但是膨胀系数较小(Chau et al.,2007)。上述结果与Wuttipalakorn等(2009)的研究结果相似，Wuttipalakorn等(2009)研究了不同预处理和干燥方法对青柠膳食纤维保水能力的影响，结果表明当粒径进一步降低时，膳食纤维的保水能力下降。

此外，三种膳食纤维的保水能力(未筛分和筛分)均高于葡萄柚膳食纤维(2.09g/g)、柑橘膳食纤维(1.65g/g)、苹果膳食纤维(1.87g/g)和香蕉膳食纤维(1.71g/g)，但是低于芒果皮膳食纤维(11.40g/g)和椰子膳食纤维(10.71g/g)(Larrauri et al., 1999; Fernando et al., 2005; Chau et al., 2007; Yalegama et al., 2013)。膳食纤维保水能力的不同与膳食纤维来源、粒径、提取方法有关，也与表面特性有关，如孔隙度、电荷密度、比表面积和显微结构等(Chau et al., 2007)。

2)吸水膨胀性

膳食纤维的吸水膨胀性衡量了膳食纤维吸水18h后体积膨胀的能力。膳食纤维可能通过以下两种机制与水发生相互作用：①膳食纤维通过表面张力将水分包裹在其显微结构中；②膳食纤维通过氢键和偶极子来吸收水分(López et al., 1996)。未筛分时，剪切乳化辅助酶解法所得膳食纤维的吸水膨胀性为6.76mL/g，高于碱提取法和酶解法所得膳食纤维的吸水膨胀性(分别为3.75mL/g和3.49mL/g)[图2.16(b)]。采用不同目数筛网进行筛分之后，剪切乳化辅助酶解法所得膳食纤维的吸水膨胀性范围为6.79~7.98mL/g，高于酶解法(6.43~7.83mL/g)和碱提取法(5.69~7.03mL/g)。吸水膨胀性与膳食纤维中可溶性组分(尤其是果胶)的含量有关，可溶性膳食纤维含量越高，膳食纤维的吸水膨胀性越大(Navarro-González et al., 2011)。

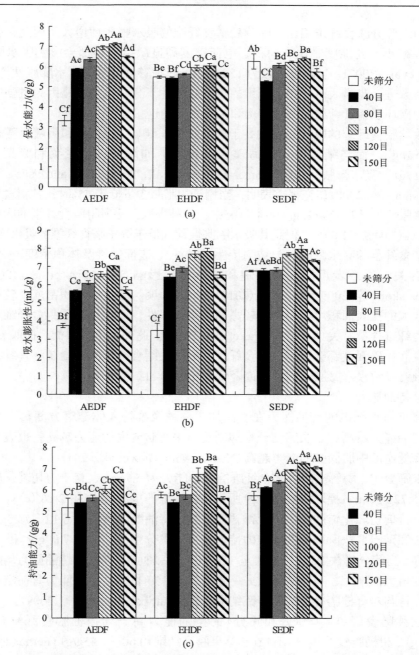

图 2.16　不同提取方法和粒径对孜然膳食纤维保水能力(a)、吸水膨胀性(b)和持油
能力(c)的影响

AEDF：碱提取法所得膳食纤维；EHDF：酶解法所得膳食纤维；SEDF：剪切乳化辅助酶解法
所得膳食纤维；A～C：表示组间的显著性差异分析($P < 0.05$)；a～f：表示组内的显著性差异
分析($P < 0.05$)；下同

与未筛分膳食纤维相比，筛分后膳食纤维的吸水膨胀性增大。因此，膳食纤维粒径减小，孔隙度、比表面积、电荷密度和显微结构等都会影响吸水膨胀性(Chau et al.，2007)。当筛分目数为 120 目时，三种膳食纤维的吸水膨胀性均最大；筛分目数进一步增大时，膳食纤维的吸水膨胀性下降，这可能是因为过强的机械剪切力破坏了膳食纤维的网状结构和多糖之间的连接键。

孜然膳食纤维的吸水膨胀性高于豌豆膳食纤维(5.26mL/g)和鹰嘴豆膳食纤维(4.28mL/g)，而与某些可食用海藻膳食纤维，如海带、裙带菜和紫菜(5.7～10.5mL/g)的吸水膨胀性相似(Gómez-Ordóñez et al.，2010；Tosh and Yada，2010)。Raghavarao 等(2008)研究报道表明，当椰子的脂肪含量低于1%时，其膳食纤维的吸水膨胀性为 17～20mL/g。在本研究中，三种提取方法所得膳食纤维的脂肪含量接近1%(1.04%～1.09%)，但是其吸水膨胀性却远低于椰子膳食纤维的吸水膨胀性。

膳食纤维的吸水膨胀性与结构特性(如粒径、表面特性及体积密度)和化学成分等有关，这两者可能受预处理和提取方法影响(Yalegama et al.，2013)。Wuttipalakorn 等(2009)和 Lan 等(2012)的研究表明，较低的堆积密度、较小的粒径和较大的比表面积可能会产生较高的吸水膨胀性，而这也与总膳食纤维和可溶性膳食纤维含量有关(López-Vargas et al.，2013)。此外，热水漂烫、提取 pH、干燥温度和粉碎强度都会影响总膳食纤维和可溶性膳食纤维的含量及膳食纤维的结构，最终导致吸水膨胀性的增大或降低(López et al.，1996)。

3)持油能力

评价膳食纤维的持油能力在食品加工领域及维持人体健康方面具有重要意义。持油能力越高，表明膳食纤维抑制食品中脂肪流失的能力越高，也表明膳食纤维降低血液中胆固醇的能力越高(Navarro-González et al.，2011)。

未筛分时，酶解法所得膳食纤维的持油能力为 5.76g/g，高于剪切乳化辅助酶解法(5.72g/g)和碱提取法(5.17g/g)所得膳食纤维的持油能力[图 2.16 (c)]。然而，筛分后，剪切乳化辅助酶解法所得膳食纤维的持油能力范围为 6.12～7.25g/g，而酶解法和碱提取法所得膳食纤维的持油能力范围分别为 5.42～7.09g/g 和 5.42～6.48g/g。当筛分目数由 40 目增大至 120 目时，三种膳食纤维的持油能力均随筛分目数的增大而增大，当筛分目数进一步增加至 150 目时，持油能力有一定程度的下降，这与对青柠膳食纤维的研究结果一致(Wuttipalakorn et al.，2009)。

三种膳食纤维(未筛分和筛分)的持油能力高于葡萄柚膳食纤维(1.20～1.52g/g)、柑橘膳食纤维(1.81g/g)和苹果膳食纤维(0.60～1.45g/g)(Fernando et al.，2005)。Navarro-González 等(2011)的研究结果显示，西红柿膳食纤维的持油能力较低，这可能是因为膳食纤维中缺乏木质素。鉴于此，上述三种提取方法所得膳食纤维的持油能力较高，可能与其含有较多的木质素(>20%)有关。此外，持油能力也与膳食纤维的表面特性、电荷密度和疏水活性等有关(Fernando et al.，

2005；Gómez-Ordóñez et al.，2010）。

3. 孜然膳食纤维的功能特性

1）α-淀粉酶活性抑制能力

不同提取方法和粒径对孜然膳食纤维 α-淀粉酶活性抑制能力的影响见
图 2.17。剪切乳化辅助酶解法（筛分）所得膳食纤维的 α-淀粉酶活性抑制能力最高，
为 13.64%～21.84%，高于酶解法（10.79%～19.05%）和碱提取法（8.51%～16.12%）
所得膳食纤维。未筛分时，碱提取法和酶解法所得膳食纤维的 α-淀粉酶活性抑制
能力（分别为 8.75% 和 11.08%）高于 40 目筛网筛分得到的膳食纤维（分别为 8.51%
和 10.79%），但是低于筛分目数为 80～150 目时所得膳食纤维的 α-淀粉酶活性抑
制能力。然而，未筛分的剪切乳化辅助酶解法所得膳食纤维的 α-淀粉酶活性抑制
能力低于筛分后膳食纤维。

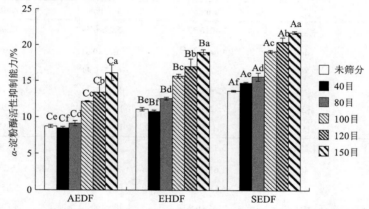

图 2.17　不同提取方法和粒径对孜然膳食纤维 α-淀粉酶活性抑制能力的影响

　α-淀粉酶活性抑制能力随筛分目数的增大而增大，该结果可能是因为筛分目
数增大，膳食纤维粒径减小，纤维结构发生了变化，如更多的网状结构暴露出来、
比表面积增大等，因此，更多的 α-淀粉酶被吸附在膳食纤维内部和表面，大部分
淀粉也被截留在膳食纤维的网状结构中。此外，膳食纤维粒径减小，也会增加其
吸水膨胀性和黏度，从而降低了膳食纤维-α-淀粉酶-淀粉体系中 α-淀粉酶和淀粉
的迁移速率（Gourgue et al.，1992）。已有的研究表明，α-淀粉酶会吸附在纤维素表
面，因此 α-淀粉酶的活性会被抑制（Dhital et al.，2015）。X 射线衍射的结果（图 2.14）
表明，酶解法和剪切乳化辅助酶解法所得膳食纤维中纤维素的结晶区域未被破坏，
且剪切乳化辅助酶解法所得膳食纤维的结晶度指数较高，因此，该膳食纤维的 α-
淀粉酶活性抑制能力较高。

　α-淀粉酶活性抑制能力的测定结果表明，剪切乳化辅助酶解法所得膳食纤维

可以降低 α-淀粉酶的活性，并限制淀粉与 α-淀粉酶之间的相互作用，从而降低小肠对淀粉类物质的吸收，并降低血液中葡萄糖浓度（Galisteo et al.，2005）。

2）葡萄糖吸收能力

膳食纤维的葡萄糖吸收能力是从体外考察在肠道消化过程中膳食纤维对葡萄糖抑制和转运能力的重要指标（Chau et al.，2007）。孜然膳食纤维对不同浓度葡萄糖的吸收能力见表 2.9。表 2.9 结果显示，三种不同提取方法所得膳食纤维均具有葡萄糖吸收能力，且葡萄糖吸收能力与葡萄糖浓度成正比。相关研究表明，从不同天然物质中提取得到的膳食纤维，其葡萄糖吸收能力也与葡萄糖浓度成正比（Ahmed et al.，2011；Peerajit et al.，2012）。

表 2.9　不同提取方法和粒径对孜然膳食纤维葡萄糖吸收能力的影响

膳食纤维	筛分目数/目	葡萄糖吸收能力/(mmol/g)		
		50mmol/L	100mmol/L	200mmol/L
AEDF	未筛分	3.48±0.32 [Cd]	5.27±0.54 [Ce]	12.04±0.27 [Cd]
	40	1.04±0.03 [Cf]	3.02±0.31 [Cf]	5.99±0.12 [Cf]
	80	3.32±0.05 [Ce]	6.12±0.11 [Cd]	10.87±0.56 [Ce]
	100	5.94±0.23 [Cc]	9.32±0.21 [Cc]	18.79±0.31 [Cc]
	120	7.52±0.14 [Cb]	12.66±0.26 [Cb]	21.94±0.67 [Cb]
	150	10.11±0.46 [Ca]	19.02±0.96 [Ca]	36.99±1.23 [Ca]
EHDF	未筛分	3.89±0.28 [Be]	7.85±0.47 [Bd]	17.34±0.59 [Be]
	40	1.63±0.04 [Bf]	3.11±0.22 [Be]	6.23±0.09 [Bf]
	80	6.23±0.29 [Bd]	11.54±0.37 [Ac]	22.59±1.03 [Bd]
	100	11.12±0.96 [Bc]	20.94±0.12 [Ab]	40.38±1.29 [Bc]
	120	16.34±0.93 [Bb]	31.29±0.23 [Ba]	56.69±1.53 [Ab]
	150	16.53±0.38 [Ba]	32.11±0.16 [Aa]	60.22±1.39 [Ba]
SEDF	未筛分	8.69±0.61 [Ad]	15.57±1.02 [Ad]	27.24±0.31 [Ad]
	40	2.02±0.01 [Af]	5.34±0.04 [Af]	10.98±1.96 [Af]
	80	6.93±0.01 [Ae]	11.09±1.84 [Be]	23.16±1.03 [Ae]
	100	11.40±0.02 [Ac]	20.22±2.76 [Bc]	43.23±2.67 [Ac]
	120	17.69±0.72 [Aa]	31.74±1.72 [Aa]	52.13±1.75 [Bb]
	150	16.81±1.61 [Ab]	31.37±1.61 [Bb]	60.86±2.71 [Aa]

剪切乳化辅助酶解法和酶解法所得膳食纤维的葡萄糖吸收能力相差不大，范围分别为 2.02～60.86mmol/g 和 1.63～60.22mmol/g，均显著高于碱提取法所得膳食纤维的葡萄糖吸收能力（1.04～36.99mmol/g）（表 2.9）。这可能是因为剪切乳化

辅助酶解法和酶解法所得膳食纤维含有较多的可溶性膳食纤维，可溶性膳食纤维黏度较高，可以降低葡萄糖分子的扩散速率，此外，膳食纤维含有的网状结构也可以截留部分葡萄糖分子(Chau et al.，2007；Peerajit et al.，2012)。

三种膳食纤维的葡萄糖吸收能力均随筛分目数的增大而增大，这可能与较小的粒径和较大的比表面积有关。黏度较高且粒径较小的膳食纤维可能会减慢葡萄糖分子的迁移速率(Ahmed et al.，2011)。

3)胆汁酸阻滞指数

胆汁酸过多会造成胃黏膜上皮细胞损伤，进而造成 DNA 损伤，诱导某些癌症的发生(Dvorak et al.，2007)。胆汁酸阻滞指数可以有效地反映在胃肠道消化过程中膳食纤维延迟或抑制人体对胆汁酸吸收的速率。膳食纤维胆汁酸阻滞指数较高，则可以有效地延缓或抑制肠道消化过程中机体对胆汁酸的吸收，从而保护上皮细胞，并防止 DNA 损伤(Wuttipalakorn et al.，2009)。表 2.10 结果显示，三种膳食纤维的胆汁酸阻滞指数一般随透析时间的延长而增大，也随筛分目数的增大而增大，这与 Peerajit 等(2012)的研究结果相一致。膳食纤维粒径减小，比表面积和孔隙度增大，提高了膳食纤维的胆汁酸阻滞指数(López-Vargas et al.，2013)。

表 2.10　不同提取方法和粒径对孜然膳食纤维胆汁酸阻滞指数的影响

膳食纤维	筛分目数/目	胆汁酸阻滞指数/%	
		1h	2h
AEDF	未筛分	10.23±0.25[Cd]	17.68±0.15[Bd]
	40	6.17±0.14[Ce]	10.77±0.09[Cf]
	80	10.26±0.09[Cd]	15.79±0.16[Ce]
	100	18.75±0.10[Cc]	28.20±0.05[Cc]
	120	22.14±0.08[Cb]	30.57±0.09[Cb]
	150	30.83±0.09[Ca]	32.15±0.06[Ca]
EHDF	未筛分	17.85±0.31[Be]	14.38±0.25[Cf]
	40	16.35±0.25[Af]	20.57±0.14[Ce]
	80	26.29±0.14[Bd]	29.21±0.14[Bd]
	100	33.11±0.21[Bc]	34.73±0.08[Bb]
	120	39.53±0.12[Ba]	38.68±0.14[Ba]
	150	33.34±0.09[Bb]	34.61±0.12[Bc]
SEDF	未筛分	21.03±0.38[Ae]	27.96±0.57[Ae]
	40	16.34±0.35[Af]	25.65±0.71[Af]
	80	27.09±0.18[Ad]	29.38±0.23[Ad]
	100	38.70±0.09[Ac]	40.97±0.16[Ac]
	120	40.28±0.10[Ab]	41.99±0.07[Ab]
	150	47.71±0.15[Aa]	50.08±0.03[Aa]

剪切乳化辅助酶解法所得膳食纤维的胆汁酸阻滞指数最大，范围为 16.34%～50.08%，其次为酶解法和碱提取法，膳食纤维阻滞指数分别为 16.35%～ 39.53% 和 6.17%～32.15%。三种膳食纤维胆汁酸阻滞指数不同的原因可能是可溶性膳食纤维(如果胶类物质和多糖)含量不同。图 2.15 傅里叶变换红外光谱扫描的结果显示剪切乳化辅助酶解法和酶解法所得膳食纤维中果胶和多糖对应吸收峰的峰面积和峰强度较高，因此，其胆汁酸阻滞指数较高(López-Vargas et al.，2013)。另外，含有较多可溶性组分的膳食纤维可以吸收或结合更多的胆汁酸，表 2.7 结果中剪切乳化辅助酶解法所得膳食纤维中可溶性组分高于酶解法所得膳食纤维，因此其胆汁酸阻滞指数较高。

2.3　改性孜然膳食纤维的制备工艺、结构、物化功能特性及抗氧化活性

膳食纤维由可溶性膳食纤维和不溶性膳食纤维组成，其中，可溶性膳食纤维因具有发酵性和较高的黏度而表现出较好的生物活性，WHO/FAO(2002)推荐膳食纤维的人均摄入量为 25～35g/d，可溶性膳食纤维的摄入量要≥30%。剪切乳化辅助酶解法制备膳食纤维中可溶性膳食纤维含量为 12.26%，不溶性膳食纤维含量为 71.92%，孜然膳食纤维中的可溶性组分较低，会影响膳食纤维在食品和保健品行业中的应用。

化学改性、生物改性和物理改性是食品行业常用的提高膳食纤维溶解度的方法。化学改性主要是用强酸、强碱和有机溶剂来改变膳食纤维的结构，从而增加膳食纤维的溶解度，但是传统的化学改性反应条件较严苛、耗时长、可溶性膳食纤维的转化效率低，并且引入的化学基团会影响膳食纤维的安全性(Sangnark and Noomhorm，2003)。生物改性主要是采用生物酶，如纤维二糖水解酶、内切葡聚糖酶等，或用菌株进行发酵，但是生物改性需要的酶及菌株的纯度较高、价格昂贵，酶解、发酵条件难以控制，不适合大规模工业化生产(Santala et al.，2014)。物理改性主要采用高压均质、挤压爆破、超微粉碎和高压微射流等技术来减小膳食纤维的粒径，进而提高膳食纤维的物化功能特性，但没有从本质上提高可溶性膳食纤维的含量(Wennberg and Nyman，2004；Raghavarao et al.，2008；Chen et al.，2013)。因此，寻求一种可以提高可溶性膳食纤维含量的改性方法对满足市场需求至关重要。

超高压技术属于新兴的物理改性技术，也称为高静水压技术或高压技术，是指一定压力(通常为 100～1000MPa)及室温或温和的加热条件(一般低于 100℃)

作用于液体食品，从而达到灭菌、物料改性及改变食品某些理化反应速率的作用；该技术不会对食品中的活性成分、风味物质及色泽等性质产生明显的影响，是一种操作安全、稳定和经济的非热力食品加工技术（Balny，2002；Mateos-Aparicio et al.，2010）。有报道表明，超高压技术可以使豆渣中部分不溶性膳食纤维向可溶性膳食纤维转变，但是需要较高的温度（60℃）和压力（400MPa）（Mateos-Aparicio et al.，2010），且可溶性膳食纤维的转化率较低；当超高压压力＞300MPa 时，会破坏底物的细胞壁和细胞膜，加快酶与底物的接触速率，并可以提高酶活性，最终缩短反应时间。因此，超高压-酶法改性是一种高效、环境友好型的膳食纤维改性方法。

　　本节以剪切乳化辅助酶解法所得孜然膳食纤维为原料，在超高压条件（0.1～400MPa）下，采用虫漆酶和纤维素酶对孜然膳食纤维进行改性，介绍超高压-酶法改性的最佳作用条件，并介绍改性前后孜然膳食纤维的基本成分变化、结构、物化功能特性及抗氧化活性，从而为改性膳食纤维在食品和保健品中的应用提供基础数据和理论依据。

2.3.1　超高压-酶法改性孜然膳食纤维的工艺

　　1. 工艺流程

　　孜然膳食纤维→调浆（料液比，pH）→超高压-虫漆酶改性→灭酶→调节 pH→超高压-纤维素酶改性→灭酶→醇沉，离心，收集沉淀→冻干→改性孜然膳食纤维。

　　2. 主要操作步骤

　　(1)孜然膳食纤维：采用本章 2.2 节"剪切乳化辅助酶解法"最优工艺参数制备孜然膳食纤维。

　　(2)调浆（料液比，pH）：配制 10%（W/V）的孜然膳食纤维溶液，并且调节溶液的 pH。

　　(3)超高压-虫漆酶改性：将步骤(2)所得浆液倒入超高压设备专用的聚乙烯袋中，加入一定量的虫漆酶，用真空包装机封口，置于超高压设备中，调节至一定的压力和温度，处理一定时间后，泄压取出样品。

　　(4)灭酶：将步骤(3)所得浆液置于沸水浴中加热 10～15min，以钝化虫漆酶的活性。

　　(5)调节 pH：灭酶后，将浆液冷却至室温，采用 NaOH 溶液调节 pH。

　　(6)超高压-纤维素酶改性：将步骤(5)所得浆液倒入超高压设备专用的聚乙烯袋中，加入一定量的纤维素酶，用真空包装机封口，置于超高压设备中，调节至一定的压力和温度，处理一定时间后，泄压取出样品。

　　(7)灭酶：将步骤(6)所得浆液置于沸水浴中加热 10～15min，以钝化纤维素酶的活性。

(8) 醇沉，离心，收集沉淀：将(7)所得浆液与 95% 乙醇以 1 ∶ 4(V/V)混合后，室温下放置 1h，7000g 下离心 30min，收集沉淀。

(9) 冻干：将步骤(8)所得沉淀冻干后，即得改性孜然膳食纤维。

3. 超高压-虫漆酶改性工艺条件筛选

1) 温度对孜然膳食纤维中木质素含量的影响

由图 2.18 可知，未经超高压-虫漆酶处理时，孜然膳食纤维中木质素含量为 23.91g/100g。当膳食纤维经超高压-虫漆酶共同作用后，孜然膳食纤维中木质素含量随温度变化呈先下降后上升的趋势。当超高压-酶法改性温度由 20℃ 升高至 30℃ 时，孜然膳食纤维中的木质素含量有显著下降趋势，最低可达到 11.13g/100g($P<0.05$)；但是，当温度继续升高至 60℃ 时，木质素含量又有明显的提高($P<0.05$)。Barreca 等(2003)采用虫漆酶处理木材，发现虫漆酶可以降解木材中的木质素，从而提高纸浆的质量。这说明虫漆酶可以使构成木质素分子的部分连接键断裂，发生脱甲基和脱羧基等作用，也可以氧化酚羟基，使之变成苯氧自由基，最终使木质素氧化降解(Areskogh et al.，2010)。

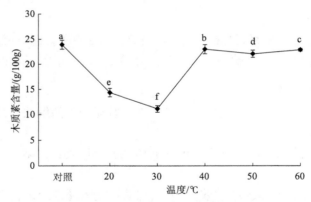

图 2.18　温度对孜然膳食纤维中木质素含量的影响

2) pH 对孜然膳食纤维中木质素含量的影响

由图 2.19 可知，pH 对孜然膳食纤维中木质素含量有明显影响。超高压-酶法改性过程中，当 pH 由 4.5 增大至 6.5 时，孜然膳食纤维中木质素含量呈下降趋势，木质素最低含量可达 11.20g/100g($P<0.05$)；当 pH 由 6.5 继续增大至 8.5 时，孜然膳食纤维中的木质素含量又有明显的提高($P<0.05$)，这可能是因为 pH 过高，影响了虫漆酶活性的大小，从而使其降解木质素的能力下降。

3) 酶与底物浓度比对孜然膳食纤维中木质素含量的影响

图 2.20 结果显示，酶与底物浓度比对孜然膳食纤维中木质素含量有明显影响。超高压-酶法改性过程中，当酶与底物浓度比从 5U/g 增大至 15U/g 时，孜然膳食

纤维中木质素含量逐渐下降，最低值可达 10.08g/100g（$P<0.05$）。当酶与底物浓度比进一步增大至 25U/g 时，孜然膳食纤维中木质素含量与 15U/g 相比，没有显著性变化（$P>0.05$），但是当酶与底物浓度比进一步增大至 30U/g 时，木质素含量又有明显的提高（$P<0.05$）。周海峰（2014）研究结果显示，磺甲基化碱木质素的分子质量和多分散性随虫漆酶用量的增大（5～10U/g）而减小，当虫漆酶用量进一步增大至 20U/g 时，分子质量和多分散性又有增大的趋势，这与本书的研究结果相似。

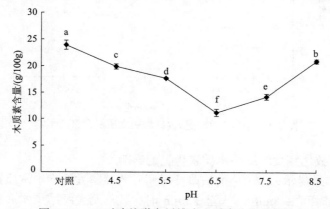

图 2.19　pH 对孜然膳食纤维中木质素含量的影响

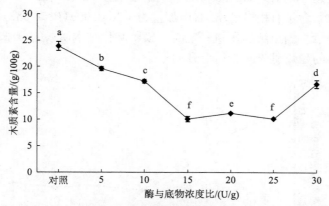

图 2.20　酶与底物浓度比对孜然膳食纤维中木质素含量的影响

4）压力对孜然膳食纤维中木质素含量的影响

图 2.21 结果显示，超高压压力对孜然膳食纤维中木质素含量有明显影响。当超高压压力从常压（0.1MPa）增大至 200MPa 时，孜然膳食纤维中木质素含量逐渐下降，最低值可达 10.83g/100g（$P<0.05$）；当压力进一步增大至 400MPa 时，孜然膳食纤维中木质素含量有稍微的增加，增加量为 0.82g/100g（$P<0.05$）。可能的原因是随着压力的提高，虫漆酶活性呈先上升后下降趋势，因此对木质素的降解能

力也呈先提高后降低的趋势。

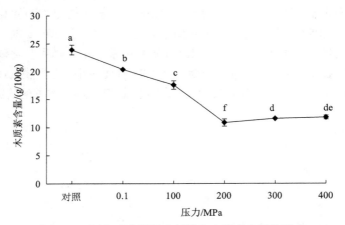

图 2.21　压力对孜然膳食纤维中木质素含量的影响

5)时间对孜然膳食纤维中木质素含量的影响

图 2.22 结果显示,超高压-酶法改性时间对孜然膳食纤维中木质素含量有明显影响。当改性时间由 5min 增大至 25min 时,孜然膳食纤维中木质素含量逐渐下降,最低值可达 10.71g/100g($P<0.05$);当时间进一步提高至 55min 时,孜然膳食纤维中木质素含量有稍微的增加,增加量为 1.36g/100g($P<0.05$)。周海峰(2014)研究结果也显示,当虫漆酶用量一定时,磺甲基化碱木质素的分子质量和多分散性随改性时间的延长呈先减少后上升的趋势。

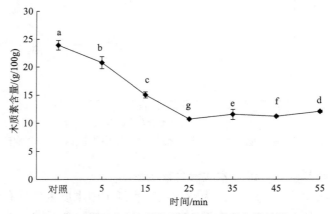

图 2.22　时间对孜然膳食纤维中木质素含量的影响

上述结果显示,超高压下虫漆酶改性孜然膳食纤维的最佳条件为:温度 30℃,pH 6.5,酶与底物浓度比 15U/g,压力 200MPa,时间 25min,在此条件下,孜然膳食纤维中木质素含量最低。

4. 超高压-纤维素酶改性工艺条件筛选

1）温度对孜然膳食纤维中可溶性与不溶性膳食纤维含量的影响

图 2.23 结果显示，超高压-酶法改性温度对孜然膳食纤维中可溶性与不溶性膳食纤维含量的影响较大。当超高压-酶法改性的温度由 45℃增大至 50℃时，孜然膳食纤维中不溶性膳食纤维（IDF）的含量由 68.52g/100g 逐渐降低至 63.19g/100g，可溶性膳食纤维（SDF）的含量则由 15.17g/100g 增大至 20.99g/100g，此外，不溶性与可溶性膳食纤维的比例（IDF/SDF）也由 4.52 下降至 3.01（$P<0.05$）；但是，当温度由 50℃进一步增大至 65℃时，孜然膳食纤维中不溶性膳食纤维的含量逐渐增大至原来的水平，可溶性膳食纤维有显著的下降，IDF/SDF 显著增大（$P<0.05$）。

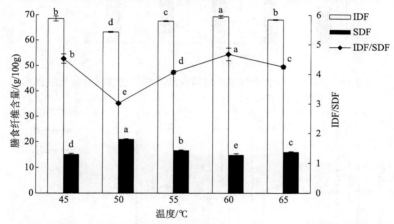

图 2.23　温度对孜然膳食纤维中可溶性和不溶性膳食纤维含量的影响

IDF：不溶性膳食纤维；SDF：可溶性膳食纤维；IDF/SDF：不溶性与可溶性膳食纤维的比例；下同

2）pH 对孜然膳食纤维中可溶性与不溶性膳食纤维含量的影响

图 2.24 结果显示，超高压-酶法改性的 pH 对孜然膳食纤维中可溶性与不溶性膳食纤维含量的影响较大。当 pH 由 4.5 增大至 6.0 时，孜然膳食纤维中的不溶性膳食纤维的含量减少了 9.23g/100g，可溶性膳食纤维的含量由 14.69g/100g 增大至 23.92g/100g，且 IDF/SDF 由 4.73 下降至 2.52（$P<0.05$）；但是，当 pH 由 6.0 进一步增大至 6.5 时，孜然膳食纤维中不溶性膳食纤维与可溶性膳食纤维的含量有稍许的增大，但是变化不大（$P<0.05$），IDF/SDF 未出现显著性变化（$P>0.05$）。

3）酶与底物浓度比对孜然膳食纤维中可溶性与不溶性膳食纤维含量的影响

图 2.25 结果显示，酶与底物浓度比对孜然膳食纤维中可溶性与不溶性膳食纤维含量的影响较大。当酶与底物浓度比由 30U/g 增大至 210U/g 时，孜然膳食纤维中的不溶性膳食纤维的含量由 67.77g/100g 降低至 64.10g/100g，可溶性膳食纤维的含量由

16.42g/100g 增大至 20.08g/100g，且 IDF/SDF 由 4.13 下降至 3.19（$P<0.05$）；但是，当酶与底物浓度比进一步增大至 330U/g 时，孜然膳食纤维中不溶性膳食纤维与可溶性膳食纤维的含量有稍许的变化（$P<0.05$），而 IDF/SDF 未出现显著性变化（$P>0.05$）。

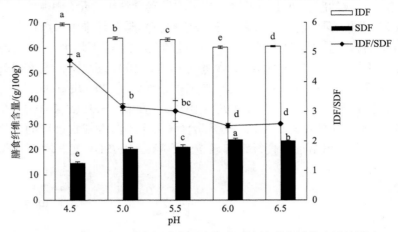

图 2.24　pH 对孜然膳食纤维中可溶性和不溶性膳食纤维含量的影响

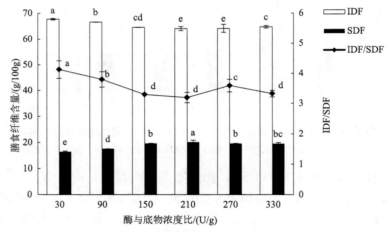

图 2.25　酶与底物浓度比对孜然膳食纤维中可溶性和不溶性膳食纤维含量的影响

4）压力对孜然膳食纤维中可溶性与不溶性膳食纤维含量的影响

图 2.26 结果显示，超高压压力对孜然膳食纤维中可溶性与不溶性膳食纤维含量的影响较大。当压力由常压（0.1MPa）增大至 200MPa 时，孜然膳食纤维中不溶性膳食纤维的含量由 70.81g/100g 降低至 63.84g/100g，可溶性膳食纤维的含量由 13.37g/100g 增大至 20.34g/100g，且 IDF/SDF 由 5.29 下降至 3.14（$P<0.05$）；当超高压压力由 200MPa 增大至 300MPa 时，不溶性膳食纤维、可溶性膳食纤维及 IDF/SDF 与 200MPa 相比，未发生显著性改变（$P>0.05$）；但是，当超高压压力进

一步增大至 400MPa 时，孜然膳食纤维中不溶性膳食纤维、可溶性膳食纤维和 IDF/SDF 均出现了显著性变化（$P<0.05$）。

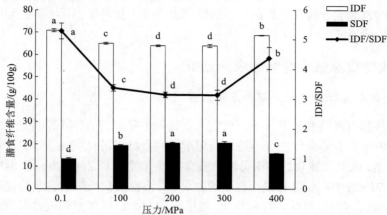

图 2.26　压力对孜然膳食纤维中可溶性和不溶性膳食纤维含量的影响

5）时间对孜然膳食纤维中可溶性与不溶性膳食纤维含量的影响

图 2.27 结果显示，超高压-酶法改性时间对孜然膳食纤维中可溶性与不溶性膳食纤维含量的影响较大。当改性时间由 5min 延长至 15min 时，孜然膳食纤维中的不溶性膳食纤维的含量由 66.23g/100g 降低至 59.49g/100g，可溶性膳食纤维的含量由 17.95g/100g 增大至 24.69g/100g，且 IDF/SDF 由 3.70 下降至 2.41（$P<0.05$）；当改性时间由 15min 逐渐延长至 45min 时，IDF/SDF 未发生显著性改变（$P>0.05$）；而时间进一步延长至 55min 时，孜然膳食纤维中不溶性膳食纤维、可溶性膳食纤维及 IDF/SDF 均发生了显著性变化（$P<0.05$）。

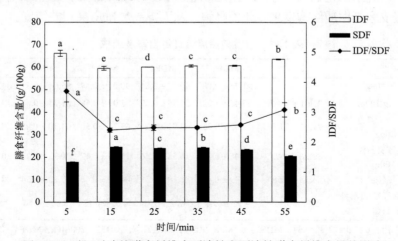

图 2.27　时间对孜然膳食纤维中可溶性和不溶性膳食纤维含量的影响

　　上述结果显示，超高压下纤维素酶改性孜然膳食纤维的最佳条件为：温度 50℃，pH 6.0，酶与底物浓度比 210U/g，压力 200MPa，时间 15min，在此条件下，孜然膳食纤维中可溶性膳食纤维含量最高，不溶性膳食纤维含量最低，且不溶性与可溶性膳食纤维的比例最低。

2.3.2　改性孜然膳食纤维的成分分析

　　1. 改性孜然膳食纤维的得率及组成分析

　　未改性膳食纤维和经五种不同改性方法得到的膳食纤维的不溶性膳食纤维、可溶性膳食纤维、总膳食纤维和不溶性与可溶性膳食纤维的比例见表 2.11。从表 2.11 中可以看出，未改性膳食纤维中可溶性膳食纤维含量为 12.26g/100g，不溶性膳食纤维含量为 71.92g/100g。随着改性程度的提高，可溶性膳食纤维的含量呈现不同的变化趋势。例如，与未改性膳食纤维相比，常压下（0.1MPa）纤维素酶改性得到的 MDF1 中，可溶性膳食纤维含量提高了 2.20g/100g，常压下（0.1MPa）虫漆酶和纤维素酶共同改性得到的 MDF2 中，可溶性膳食纤维含量提高了 4.32g/100g；单独采用超高压（200MPa，30℃）改性得到的 MDF3 中，可溶性膳食纤维含量仅提高了 2.82g/100g，该结果与 Mateos-Aparicio 等（2010）的研究结论类似。然而，超高压下，虫漆酶和纤维素酶共同改性得到的 MDF5 中，可溶性膳食纤维含量增加至 30.37g/100g，不溶性膳食纤维含量降低至 58.32g/100g，且不溶性膳食纤维/可溶性膳食纤维由 5.87 降低至 1.92，上述结果说明，超高压技术可以提高酶对底物的作用强度和速率。MDF5 中总膳食纤维含量增加至 88.69g/100g，该结果表明，超高压下虫漆酶和纤维素酶共同改性可能会使膳食纤维中残留的蛋白质变性、伸展和分解。Naghshineh 等（2013）的研究结果也显示，与常压相比，超高压下纤维素酶和木聚糖酶共同作用可以使酸橙皮中蛋白质结构发生变化而降解，从而提高酸橙皮果胶的纯度。

表 2.11　改性前后膳食纤维得率及组成

项目	未改性	MDF1	MDF2	MDF3	MDF4	MDF5
得率/(g/100g)	—	91.76 ± 0.78^a	90.27 ± 0.81^a	90.01 ± 0.54^a	85.64 ± 0.35^b	84.12 ± 0.47^b
木质素/(g/100g)	23.91 ± 0.87^a	23.45 ± 1.02^a	21.96 ± 0.77^b	22.09 ± 0.58^b	21.74 ± 0.68^b	12.05 ± 0.94^c
不溶性膳食纤维 /(g/100g)	71.92 ± 0.84^a	71.03 ± 0.33^b	69.91 ± 0.34^c	69.72 ± 0.58^d	64.30 ± 0.45^e	58.32 ± 0.59^f
可溶性膳食纤维 /(g/100g)	12.26 ± 0.41^f	14.46 ± 0.23^e	16.58 ± 0.56^c	15.08 ± 0.47^d	20.98 ± 0.23^b	30.37 ± 0.26^a
总膳食纤维/(g/100g)	84.18 ± 0.58^f	85.49 ± 0.47^c	86.49 ± 0.35^b	84.80 ± 0.46^e	85.28 ± 0.54^d	88.69 ± 0.37^a
不溶性膳食纤维/可溶性膳食纤维	5.87 ± 0.56^f	4.91 ± 0.45^e	4.22 ± 0.31^c	4.62 ± 0.18^d	3.06 ± 0.64^b	1.92 ± 0.25^a

　　注：MDF1：0.1MPa+纤维素酶；MDF2：0.1MPa+虫漆酶+纤维素酶；MDF3：200MPa；MDF4：200MPa+纤维素酶；MDF5：200MPa+虫漆酶+纤维素酶；不同字母代表有显著性差异（$P<0.05$）；下同。

　　常压下酶法改性、超高压改性和超高压-酶法改性会不同程度地降低孜然膳食纤维中木质素的含量。从表 2.11 中可以看出，常压下酶法改性或超高压改性并不能显著地降低膳食纤维中木质素含量，而超高压-酶法复合改性可以使木质素含量由 23.91g/100g 降低至 12.05g/100g，这可能是因为超高压会提高虫漆酶的活性，从而使更多的木质素发生降解(Eisenmenger and Reyes-De-Corcuera，2009)。

　　值得注意的是，常压和超高压下，与纤维素酶相比，虫漆酶和纤维素酶共同作用时，膳食纤维中可溶性膳食纤维的含量较高。例如，MDF2 中可溶性膳食纤维含量为 16.58g/100g，高于 MDF1 中的 14.46g/100g；MDF5 中可溶性膳食纤维含量为 30.37g/100g，高于 MDF4 中的 20.98g/100g。已有研究显示，木质素可以非特异性地吸附在纤维素酶表面，从而降低纤维素酶对碳水化合物的水解，然而，虫漆酶可以部分降解木质素，从而提高纤维素酶的活性(Sewalt et al.，1997)。因此，MDF2 和 MDF5 中可溶性膳食纤维含量较高的主要原因是木质素的部分降解提高了纤维素酶的活性。

2. 改性孜然膳食纤维中单糖和糖醛酸组成

　　改性前后孜然膳食纤维中单糖和糖醛酸的测定结果见表 2.12。从表 2.12 中可以看出，未改性膳食纤维中，葡萄糖和木糖是两种主要的单糖，含量分别为 40.36% 和 34.79%，其次为阿拉伯糖(14.50%)、半乳糖(7.94%)和鼠李糖(2.08%)，半乳糖醛酸和葡萄糖醛酸的含量极低，仅为 0.11% 和 0.22%。未改性膳食纤维中葡萄糖和木糖含量较多，是因为膳食纤维中含有较多的纤维素和半纤维素。随改性程度的不断提高，膳食纤维中葡萄糖含量有不同程度地下降，其中，MDF5 中葡萄糖含量降低至 6.24%，这是因为超高压条件下，纤维素酶活性提高，可以降解纤维素中的 β-1,4-糖苷键，从而破坏纤维素分子内和分子间的氢键作用力，降低纤维素分子的聚合度，从而增加其溶解度。该结果与改性大豆膳食纤维中单糖的变化趋势相似(Mateos-Aparicio et al.，2010)。与未改性膳食纤维和其他四种改性膳食纤维相比，MDF5 中阿拉伯糖、木糖、半乳糖醛酸和葡萄糖醛酸的含量最高，这说明有更多的不溶性膳食纤维转化为可溶性膳食纤维(Mateos-Aparicio et al.，2010)，该结果与表 2.11 的测定结果一致。MDF5 中木糖含量的增加与可溶性半纤维素(β-D-葡聚糖)的含量提高有关(Robic et al.，2009)。

表 2.12　改性前后膳食纤维中单糖及糖醛酸含量(%)

单糖及糖醛酸	未改性	MDF1	MDF2	MDF3	MDF4	MDF5
鼠李糖	2.08 ± 0.02^f	3.44 ± 0.02^a	2.92 ± 0.05^d	2.28 ± 0.07^e	3.08 ± 0.08^c	3.23 ± 0.07^b
阿拉伯糖	14.50 ± 0.56^f	20.12 ± 0.31^d	24.67 ± 0.47^c	19.31 ± 0.54^e	25.68 ± 0.25^b	28.00 ± 0.36^a

续表

单糖及糖醛酸	未改性	MDF1	MDF2	MDF3	MDF4	MDF5
半乳糖	7.94 ± 0.45^f	9.31 ± 0.24^e	10.39 ± 0.35^d	11.05 ± 0.43^c	12.80 ± 0.15^a	11.27 ± 0.17^b
葡萄糖	40.36 ± 0.61^a	25.57 ± 0.27^b	13.79 ± 0.29^d	22.36 ± 0.69^c	9.10 ± 0.41^e	6.24 ± 0.23^f
木糖	34.79 ± 0.74^f	40.74 ± 0.68^e	45.39 ± 0.75^c	44.31 ± 0.87^d	47.45 ± 0.87^b	48.43 ± 0.72^a
半乳糖醛酸	0.11 ± 0.03^f	0.41 ± 0.11^d	1.23 ± 0.04^c	0.38 ± 0.02^e	1.32 ± 0.06^b	1.94 ± 0.047^a
葡萄糖醛酸	0.22 ± 0.02^f	0.42 ± 0.09^d	0.60 ± 0.03^b	0.31 ± 0.03^e	0.57 ± 0.01^c	0.89 ± 0.05^a

此外，表2.11和表2.12结果显示，改性膳食纤维的得率范围为84.12~91.76g/100g，与MDF1、MDF2和MDF3相比，MDF5的得率较低，这是因为超高压下，虫漆酶使更多的木质素降解为小分子的芳香族物质，纤维素酶使纤维素中的部分糖苷键断裂，生成小分子的可溶性物质，而这些小分子物质在后续的醇沉过程中难以转化为沉淀；MDF1、MDF2和MDF3的得率相似，MDF4和MDF5的得率也没有显著差异。因此，MDF4和MDF5，尤其是MDF5中单糖和糖醛酸含量的提高与下面两种原因有关，一是部分纤维素和木质素的降解使可溶性膳食纤维的相对含量增加，二是部分不溶性的纤维素和半纤维素转化为可溶性膳食纤维(Mateos-Aparicio et al.，2010)。另外，MDF1、MDF2和MDF3得率较高，但是阿拉伯糖、半乳糖、木糖和两种糖醛酸的含量较低，这是因为不溶性膳食纤维向可溶性膳食纤维的转化率较低。

2.3.3　改性孜然膳食纤维的结构

1. 扫描电子显微镜

未改性膳食纤维与五种不同改性方法制备得到的膳食纤维的微观结构见图2.28。结果显示，与未改性膳食纤维相比，常压下，纤维素酶改性(MDF1)或虫漆酶与纤维素酶共同改性(MDF2)并没有改变膳食纤维原有的多孔网状结构；而超高压改性(MDF3)、超高压-酶法改性(MDF4和MDF5)均能使膳食纤维原有的多孔网状结构消失，且膳食纤维表面出现了不均匀、不规则的粗糙裂缝，该结果表明，超高压处理或者超高压-酶法处理会造成纤维细胞壁破裂，破坏纤维的致密结构，出现断层，从而在表面形成裂缝(Carmona-Garcia et al.，2009)。

2. 傅里叶变换红外光谱扫描

未改性膳食纤维与五种不同改性方法制备得到的膳食纤维的红外光谱扫描图见图2.29。结果显示，未改性膳食纤维与五种改性膳食纤维在3411cm^{-1}处均有吸收峰，该处吸收峰表示纤维素、半纤维素中O—H的伸缩振动，而五种改性膳食纤维在该波长处吸收峰的强度及峰面积有显著的下降，这说明常压下酶法改性(MDF1和MDF2)、超高压改性(MDF3)及超高压-酶法改性(MDF4和MDF5)均会造成纤维素和不溶性半纤维素的降解。五种改性膳食纤维在 $2800\sim3000\mathrm{cm}^{-1}$ 均有表示多糖分子亚甲基中 C—H 伸缩振动的吸收峰，而未改性膳食纤维在 $3000\mathrm{cm}^{-1}$ 处缺少吸收峰，该结果表明酶解或超高压处理会提高可溶性碳水化合物的含量（Nandini and Salimath，2011）。此外，MDF3 在 $2800\sim3000\mathrm{cm}^{-1}$ 范围内吸收峰的强度弱于其他四种改性膳食纤维，这表明超高压对膳食纤维的改性程度不及酶法改性和超高压-酶法复合改性。未改性膳食纤维与五种改性膳食纤维在 $1743\mathrm{cm}^{-1}$ 和 $1740\sim1760\mathrm{cm}^{-1}$ 处均有吸收峰，其中 $1743\mathrm{cm}^{-1}$ 处表示酯基分子中的羰基振动，而 $1740\sim1760\mathrm{cm}^{-1}$ 处表示糖醛酸—COOH 中的 C—O 振动。图 2.29 结果显示，五种改性膳食纤维在 $1743\mathrm{cm}^{-1}$ 和 $1740\sim1760\mathrm{cm}^{-1}$ 处的吸收峰强度高于未改性膳食纤维，这说明改性膳食纤维中糖醛酸和果胶的含量有显著增加（Manrique and Lajolo，2002；Sivam et al.，2013）。值得注意的是，只有 MDF5 在 $1634\mathrm{cm}^{-1}$ 处未检测出吸收峰，而在 $1592\mathrm{cm}^{-1}$ 处出现了新的吸收峰，这可能是因为超高压下虫漆酶可以使膳食纤维中部分木质素发生降解，生成小分子的芳香族物质（Tao，2008）。该结果与 MDF5 在 $1421\mathrm{cm}^{-1}$ 和 $662\mathrm{cm}^{-1}$ 处苯的吸收峰的强度增加一致。此外，MDF2 在 $1634\mathrm{cm}^{-1}$ 处有吸收峰，而在 $1592\mathrm{cm}^{-1}$、$1421\mathrm{cm}^{-1}$ 和 $662\mathrm{cm}^{-1}$ 处未检测出吸收峰，这说明常压下虫漆酶对木质素的降解作用不显著。五种改性膳食纤维在 $1329\mathrm{cm}^{-1}$ 处（表示木质素中紫丁香基丙烷和愈创木基）吸收峰的强度及面积降低，这可能与木质素被降解有关。与未改性膳食纤维相比，五种改性膳食纤维在 $1150\mathrm{cm}^{-1}$ 处出现新的吸收峰，该处吸收峰表示多糖分子中 C—C 的弹性振动，该结果说明改性膳食纤维中可能出现了新的多糖分子。

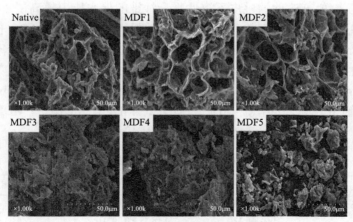

图 2.28 不同改性方法对孜然膳食纤维微观结构的影响

Native：未改性；MDF1：0.1MPa+纤维素酶；MDF2：0.1MPa+虫漆酶+纤维素酶；MDF3：200MPa；

MDF4：200MPa+纤维素酶；MDF5：200MPa+虫漆酶+纤维素酶；下同

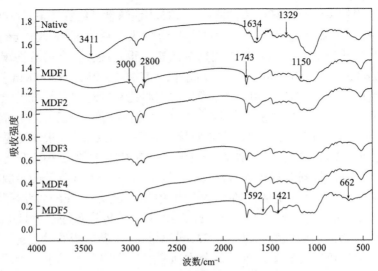

图 2.29　不同改性方法对孜然膳食纤维官能团结构的影响

2.3.4　改性孜然膳食纤维的物化功能特性及抗氧化活性

1. 改性孜然膳食纤维的物化特性

改性前后孜然膳食纤维的物化特性见表 2.13。从表 2.13 中可以看出，改性后膳食纤维的保水能力和吸水膨胀性优于未改性膳食纤维。超高压、虫漆酶和纤维素酶复合作用时，膳食纤维的保水能力比未改性膳食纤维的保水能力提高了 0.60 倍，而经高压微射流改性的桃皮不溶性膳食纤维的保水能力提高了 1.52 倍(Chen et al., 2013)，经热压处理的甜菜膳食纤维的保水能力提高了 1.30 倍(Espinosa-Martos and Rupérez, 2009)，该结果说明超高压-酶法改性的效果可能优于高压微射流和热压改性。此外，MDF5 的吸水膨胀性最大，为 11.19mL/g，其次分别为 MDF2(9.27mL/g)、MDF4(9.20mL/g)、MDF1(8.38mL/g) 和 MDF3(7.25mL/g)，与未改性膳食纤维(6.76mL/g)相比，MDF5、MDF2、MDF4、MDF1 和 MDF3 的吸水膨胀性分别提高了 0.66 倍、0.37 倍、0.36 倍、0.24 倍和 0.07 倍。

表 2.13　改性前后孜然膳食纤维的物化特性

样品	保水能力/(g/g)	吸水膨胀性/(mL/g)	持油能力/(g/g)
未改性	6.26 ± 0.38^f	6.76 ± 0.04^f	5.72 ± 0.21^f
MDF1	6.64 ± 0.17^e	8.38 ± 0.30^d	6.03 ± 0.66^e
MDF2	7.16 ± 0.14^c	9.27 ± 0.03^b	6.42 ± 0.89^d
MDF3	6.90 ± 0.10^d	7.25 ± 0.35^e	7.09 ± 0.24^c
MDF4	8.55 ± 0.28^b	9.20 ± 0.05^c	8.39 ± 0.25^b
MDF5	10.02 ± 0.61^a	11.19 ± 0.38^a	10.44 ± 0.36^a

超高压-酶法改性会使未改性膳食纤维含有的大部分木质素被降解，减少木质素对纤维素酶的吸附，从而加快纤维素酶对纤维素和半纤维素的相互作用(Sewalt et al.，1997)，进而提高不溶性膳食纤维向可溶性膳食纤维的转化效率。膳食纤维的可溶性组分增多，亲水基团、比表面积、水结合位点增加，而粒径和堆积密度均下降，从而使保水能力和吸水膨胀性增大(Chau et al.，2007)。与未改性膳食纤维(5.72g/g)相比，五种改性膳食纤维的持油能力均有不同程度的提高(6.03～10.44g/g)，其中，MDF4和MDF5的持油能力(分别为 8.39g/g 和 10.44g/g)高于高压微射流处理得到的桃皮不溶性膳食纤维的持油能力(7.58g/g)。超高压-酶法复合改性使膳食纤维的粒径减小、结构发生改变，从而降低膳食纤维的堆积密度、增加膳食纤维的比表面积，进而增加膳食纤维对脂肪的吸收能力(Chau et al.，2007)。

2. 改性孜然膳食纤维的功能特性

三种不同浓度的葡萄糖溶液(50mmol/L、100mmol/L 和 200mmol/L)用于评价未改性膳食纤维和改性后膳食纤维的葡萄糖吸收能力。表 2.14 结果显示，未改性膳食纤维和五种改性膳食纤维的葡萄糖吸收能力均与葡萄糖浓度成正比。酶法改性、超高压改性及超高压-酶法复合改性能够不同程度地提高膳食纤维的葡萄糖吸收能力。以 100mmol/L 葡萄糖溶液为例，常压下纤维素酶改性(MDF1)会使膳食纤维的葡萄糖吸收能力由 15.57mmol/g 提高至 19.68mmol/g，而常压下虫漆酶和纤维素酶复合改性(MDF2)会使膳食纤维的葡萄糖吸收能力进一步提高至 22.85mmol/g；超高压改性后(MDF3)，膳食纤维的葡萄糖吸收能力增加至 22.34mmol/g；而超高压-酶法(虫漆酶和纤维素酶)复合改性后(MDF5)，膳食纤维的葡萄糖吸收能力最大，为 39.00mmol/g。改性后膳食纤维的葡萄糖吸收能力增大可能是因为膳食纤维的黏度、孔隙度和比表面积增大，增大了膳食纤维截留葡萄糖分子的能力，降低了葡萄糖分子的扩散速率(Chau et al.，2007；Ahmed et al.，2011)。Chen 等(2013)的研究结果显示，高压微射流处理会提高桃皮不溶性膳食纤维和燕麦不溶性膳食纤维的葡萄糖吸收能力，这与本书研究结果类似。

表 2.14　改性前后孜然膳食纤维的功能特性

样品	葡萄糖吸收能力/(mmol/g)			胆汁酸阻滞指数/%		α-淀粉酶活性抑制能力/%
	50mmol/L	100mmol/L	200mmol/L	1h	2h	
未改性	8.69 ± 0.61^f	15.57 ± 1.02^f	27.24 ± 0.31^f	21.03 ± 0.38^f	27.96 ± 0.57^f	13.64 ± 0.11^f
MDF1	11.56 ± 0.27^d	19.68 ± 1.03^e	32.53 ± 0.67^e	26.58 ± 0.53^d	31.40 ± 0.09^d	17.21 ± 0.36^e
MDF2	13.62 ± 0.09^c	22.85 ± 0.58^c	39.21 ± 0.56^c	34.71 ± 0.40^c	39.53 ± 0.28^c	23.01 ± 0.11^c
MDF3	11.43 ± 0.28^e	22.34 ± 0.50^d	33.80 ± 0.86^d	24.89 ± 0.60^e	29.72 ± 0.19^e	18.45 ± 0.27^d

续表

样品	葡萄糖吸收能力/(mmol/g)			胆汁酸阻滞指数/%		α-淀粉酶活性抑制能力/%
	50mmol/L	100mmol/L	200mmol/L	1h	2h	
MDF4	18.64 ± 0.66^b	29.34 ± 0.68^b	45.23 ± 0.78^b	37.79 ± 0.19^b	41.21 ± 0.23^b	24.64 ± 0.97^b
MDF5	22.18 ± 0.087^a	39.00 ± 0.31^a	63.54 ± 0.71^a	48.85 ± 0.26^a	52.58 ± 0.19^a	37.95 ± 0.37^a

α-淀粉酶活性抑制能力是体外评价膳食纤维降血糖活性的重要指标，未改性膳食纤维和五种改性膳食纤维的 α-淀粉酶活性抑制能力见表 2.14。从表 2.14 中可以看出，未改性时，孜然膳食纤维的 α-淀粉酶活性抑制能力为 13.64%，而改性后，膳食纤维的 α-淀粉酶活性抑制能力有不同程度的增加，其中，超高压-酶法复合改性得到的膳食纤维（MDF4 和 MDF5）的 α-淀粉酶活性抑制能力分别为 24.64%和 37.95%，显著高于酶法改性（MDF1 和 MDF2，分别为 17.21%和 23.01%）和超高压改性（MDF3，18.45%）制备的膳食纤维的 α-淀粉酶活性抑制能力。超高压-酶法（虫漆酶和纤维素酶）复合改性后，孜然膳食纤维的 α-淀粉酶活性抑制能力提高了 1.78 倍。而已有研究表明，高压微射流处理使桃不溶性膳食纤维和燕麦不溶性膳食纤维的 α-淀粉酶活性抑制能力分别提高了 1.64 倍和 1.98 倍（Chen et al.，2013）。超高压-酶法复合改性提高了不溶性膳食纤维向可溶性膳食纤维转化的效率，提高了膳食纤维的比表面积和 α-淀粉酶-淀粉-膳食纤维体系的黏度，使更多的 α-淀粉酶和淀粉分子包裹在膳食纤维的网状结构中，阻碍了 α-淀粉酶和淀粉分子的接触，从而降低了 α-淀粉酶的活性（Chau et al.，2007；Kim and Han，2012）。

未改性膳食纤维和五种改性膳食纤维的胆汁酸阻滞指数见表 2.14。从表 2.14 中可以看出，2h 内，未改性膳食纤维和五种改性膳食纤维的胆汁酸阻滞指数均随吸附时间的延长而增大，且超高压-酶法复合改性得到的膳食纤维的胆汁酸阻滞指数（48.85%～52.58%）高于未改性膳食纤维的胆汁酸阻滞指数（21.03%～27.96%）。超高压-酶法改性效果优于常压下酶改性或超高压改性的效果。超高压-酶法改性会将大分子的膳食纤维降解为更小分子的片段，可溶性膳食纤维含量增多，膳食纤维表面破裂，粒径减小，因此胆汁酸阻滞指数增大（Cornfine et al.，2010）。

3. 改性孜然膳食纤维的总酚含量及抗氧化活性

图 2.30(a) 表示未改性膳食纤维和五种改性膳食纤维的总酚含量。从图 2.30(a) 中可以看出，与未改性膳食纤维相比，五种改性膳食纤维的总酚含量有不同程度的提高，尤其是超高压-酶法改性得到的 MDF5 的总酚含量最高。200MPa 下，虫漆酶和纤维素酶复合改性得到的 MDF5 的总酚含量与未改性膳食纤维相比，增加了 26.33%，MDF2、MDF4、MDF1 和 MDF3 的总酚含量分别增加了 18.65%、11.75%、10.50% 和 6.42%。改性前后，孜然膳食纤维的总酚含量均高于芝麻膳食纤维[0.31mg 没食子酸当量（GAE）/g 干重（DW）]、亚麻籽膳食纤维（0.51mg GAE/g

DW)和米糠膳食纤维(0.60mg GAE/g DW)的总酚含量。孜然膳食纤维中含有较多的水溶性非淀粉多糖和半纤维素，这些成分可能与高总酚含量有关(Nandi and Ghosh，2015)。此外，MDF2 和 MDF5 中总酚含量高于其他膳食纤维，这可能是因为常压或 200MPa 下，虫漆酶使部分木质素降解，生成小分子芳香类物质，增加了膳食纤维中的总酚含量(Rechkemmer，2007)。

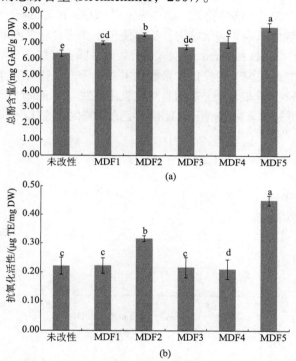

图 2.30　改性前后孜然膳食纤维的总酚含量(a)及抗氧化活性(b)

从图 2.30(b)中可以看出，未改性时，孜然膳食纤维的抗氧化活性为 0.22µg 水溶性维生素 E 当量(TE)/mg DW；常压(MDF2)或 200MPa(MDF5)下，虫漆酶和纤维素酶复合改性后，孜然膳食纤维的抗氧化活性有显著的提高，分别为 0.31µg TE/mg DW 和 0.45µg TE/mg DW；而常压下纤维素酶改性(MDF1)、超高压改性(MDF3)和超高压下纤维素酶改性(MDF4)得到的膳食纤维的抗氧化活性与未改性膳食纤维相比，有稍许提高，但是差异不大。这可能是因为加入虫漆酶后，膳食纤维中的木质素被降解或生成芳香族次级代谢产物，从而增加了膳食纤维的抗氧化活性(Rechkemmer，2007)。

Faller 和 Fialho(2010)的研究结果表明，抗氧化活性与多酚提取物有关；而 Pérez 等(2013) 与 Nandi 和 Ghosh(2015)的研究结果显示，抗氧化活性也与高甲氧基果胶-甲基化纤维素、水溶性非淀粉类多糖和半纤维素的含量有关。在本书中，笔者团队研究了总酚含量与抗氧化活性之间的相关性系数 [图2.31(a)]和可溶性膳食纤维含量与抗氧化活性之间的相关性系数[图 2.31(b)]，结果显示，抗氧化活性主要与总酚含量有关（R=0.8742，P=0.0228），其次与可溶性膳食纤维含量有关（R=0.8216，P=0.0449），该结果与先前的研究结果一致（Faller and Fialho，2010；Pérez et al.，2013；Nandi and Ghosh，2015）。改性膳食纤维的总酚含量和抗氧化活性较高，这可能是因为木质素降解，生成了可溶性物质，如 2-苯并呋喃（Rechkemmer，2007）。此外，超高压处理会改变膳食纤维的网状结构，从而使包裹在膳食纤维内部或基质中的多酚类物质释放出来（Briones-Labarca et al.，2011）。改性膳食纤维中可溶性组分较多，这些可溶性组分可能是果胶、阿拉伯木聚糖和木聚糖等，这些可溶性膳食纤维可以和酚类物质形成多酚-多糖聚合物，从而具有抗氧化活性（Hasnaoui et al.，2014）。此外，果胶物质也含有低聚半乳糖醛酸酐而具有一定的抗氧化活性（Li et al.，2014）。

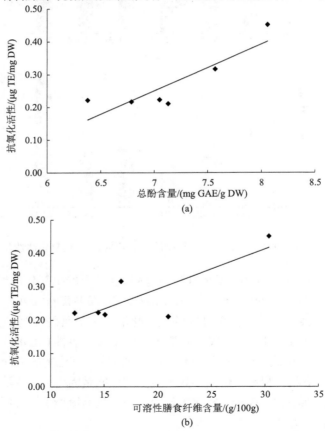

图 2.31　改性前后孜然膳食纤维的抗氧化活性与总酚含量(a)及可溶性膳食纤维
含量(b)之间的关系

2.4　孜然膳食纤维对 2 型糖尿病大鼠的降血糖活性

糖尿病是一种由胰岛素分泌不足或胰岛素缺陷引起的慢性综合征。统计数据显示，全球范围内，约有 3.8 亿人口患有糖尿病，每年死于糖尿病的人数超过 2900 万，且发病人数呈逐年上升的趋势。糖尿病，尤其是 2 型糖尿病，与高血糖、心脏病、肾病、视力障碍、高血压、血栓及其他多种心脑血管疾病有关（Galisteo et al.，2005；Simpson and Morris，2014）。一些降糖药物，如双胍类、噻唑烷二酮类药物和 α-葡萄糖苷酶抑制剂等能控制血糖水平。然而，它们的使用有不良影响，也可能导致继发性疾病，包括腹胀、腹部不适和腹泻等。预防和改善 2 型糖尿病及缓解降糖药物产生的副作用的一个重要方法是从日常饮食中探寻天然的降糖成分，其不仅可以减少肠道对食物中糖分的吸收，也可以延缓餐后血糖过快升高（Brockman et al.，2012）。

从谷物、水果和蔬菜中提取的某些多糖可以预防和改善癌症、肥胖、心脑血管疾病和 2 型糖尿病等（Holt et al.，2009；Erukainure et al.，2013；Adam et al.，2014；Maxwell et al.，2016）。膳食纤维属于天然多糖，已被证明具有降低胆固醇（TC）、甘油三酯（TG）和低密度脂蛋白胆固醇（LDL-C）的作用；也可以改善胰岛素抵抗，降低餐后血糖反应，抑制肥胖大鼠血浆中炎症因子的形成，以及改善糖尿病肥胖大鼠模型（ZDF）血浆中葡萄糖的浓度等（Galisteo et al.，2010；Toivonen et al.，2014；Weitkunat et al.，2015）。然而，现有研究主要是从蔬菜、水果和谷物中提取的总膳食纤维（TDF）或多种膳食纤维的复合物。膳食纤维来源不同，溶解度和膳食纤维构成不尽相同，其在肠道中被发酵的程度及形成短链脂肪酸的种类和浓度也不同，因此具有不同的生物活性（Galisteo et al.，2010；Weitkunat et al.，2015）。从本章 2.2 节的介绍中可以看出，孜然膳食纤维经超高压-酶法（虫漆酶和纤维素酶）复合改性后，具有良好的吸水膨胀性、保水能力、持油能力和抗氧化活性；此外，本书的研究结果表明，改性后孜然膳食纤维的葡萄糖吸收能力和 α-淀粉酶活性抑制能力较高，高于桃皮、燕麦和胡萝卜膳食纤维，而这两种功能特性可以从体外评价膳食纤维的降血糖作用。也有学者分析了不同类型的膳食纤维对代谢综合征的影响，结果表明，果胶和木聚糖可以增加 1 型糖尿病患者的血糖水平，而瓜尔豆胶和燕麦不溶性膳食纤维可以改善肥胖小鼠的体重和胆固醇含量（Isken et al.，2010；Toivonen et al.，2014）。然而，目前尚未见对孜然膳食纤维降血糖功效研究的相关报道，更未见孜然可溶性和不溶性膳食纤维改善 2 型糖尿病功效及机制的相关研究。

因此，本节以高糖高脂饮食和低剂量链脲佐菌素（STZ）诱导的 2 型糖尿病大鼠为模型，介绍不同剂量的可溶性与不溶性膳食纤维对 2 型糖尿病大鼠体重、摄食量、血糖、胰岛素、瘦素、脂质、炎症因子及肝脏和胰腺组织的影响，从而为孜然膳食纤维改善 2 型糖尿病提供理论支持。

2.4.1　孜然膳食纤维对糖尿病大鼠体重和摄食量的影响

图 2.32(a)～(c)分别表示试验期内孜然可溶性与不溶性膳食纤维对 2 型糖尿病大鼠体重、摄食量和食物转化效率的影响。从图 2.32(a)中可以看出，试验初始阶段(第 1d)，与正常对照组相比，高糖高脂饮食干预和低剂量 STZ 诱导后，8 组糖尿病大鼠的体重明显降低(10.35%～16.91%)；Mohammed 等(2015)的研究结果也表明，2 型糖尿病模型诱导成功后，大鼠体重有显著下降。口服二甲双胍、孜然可溶性与不溶性膳食纤维后，糖尿病大鼠体重有明显改善。例如，试验 1 周后(1～7d)，二甲双胍组，高、中、低剂量可溶性膳食纤维组，以及高、中剂量不溶性膳食纤维组糖尿病大鼠的平均体重会有一定程度的增加，而糖尿病模型鼠和低剂量不溶性膳食纤维组糖尿病大鼠的体重却持续下降。11d 之后，二甲双胍组、可溶性膳食纤维组和不溶性膳食纤维组大鼠的平均体重均有显著提高，且二甲双胍和中剂量可溶性膳食纤维改善糖尿病大鼠体重的效果优于高剂量可溶性膳食纤维、低剂量可溶性膳食纤维和不溶性膳食纤维。

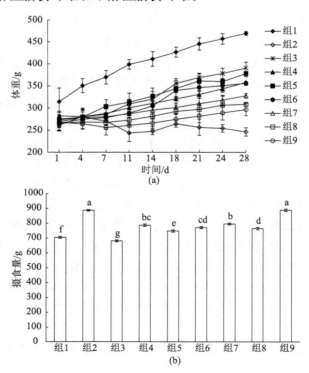

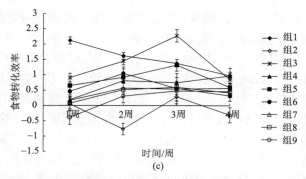

图 2.32　孜然可溶性与不溶性膳食纤维对 2 型糖尿病大鼠体重(a)、摄食量(b)和
食物转化效率(c)的影响

组 1：正常大鼠(对照组)；组 2：糖尿病模型鼠；组 3：糖尿病模型鼠+二甲双胍[100mg/(kg 体重·天)]；组 4：糖尿病模型鼠+高剂量可溶性膳食纤维[5g/(kg 体重·天)]；组 5：糖尿病模型鼠+中剂量可溶性膳食纤维[0.5g/(kg 体重·天)]；组 6：糖尿病模型鼠+低剂量可溶性膳食纤维[0.25g/(kg 体重·天)]；组 7：糖尿病模型鼠+高剂量不溶性膳食纤维[5g/(kg 体重·天)]；组 8：糖尿病模型鼠+中剂量不溶性膳食纤维[0.5g/(kg 体重·天)]；组 9：糖尿病模型鼠+低剂量不溶性膳食纤维[0.25g/(kg 体重·天)]；不同字母代表有显著性差异(P<0.05)；下同

　　摄入二甲双胍、可溶性膳食纤维和不溶性膳食纤维 1 周时，糖尿病大鼠的食物转化效率(每周大鼠增加的体重/24h 大鼠的平均摄食量)显著低于空白对照组；1 周后，二甲双胍组、可溶性膳食纤维组和不溶性膳食纤维组糖尿病大鼠的食物转化效率明显高于糖尿病模型组，但是低于空白对照组。Brockman 等(2012)的研究结果显示，肥胖大鼠摄入高黏度羟丙基甲基纤维素(HV-HPMC)后，食物转化效率明显提高，这与本书的研究结果一致。糖尿病大鼠和肥胖大鼠的食物转化效率低于正常大鼠，这可能是机体出现了胰岛素抵抗，血糖控制能力降低，最终导致摄食量增加，而体重却下降(Cordero-Herrera et al.，2015)。此外，4 周试验期内，不同剂量的可溶性膳食纤维和不溶性膳食纤维对糖尿病大鼠体重和摄食量的改善程度不同。第 2~4 周，摄入高剂量可溶性膳食纤维、低剂量可溶性膳食纤维和三种剂量的不溶性膳食纤维后，大鼠的食物转化效率逐渐下降；而摄入二甲双胍和中剂量可溶性膳食纤维后，大鼠的食物转化效率在前 3 周是逐渐增加的，从第 4 周开始逐渐下降。这可能是因为可溶性膳食纤维，尤其是中剂量可溶性膳食纤维可能通过结肠发酵生成短链脂肪酸，如丁酸、丙酸等来降低血浆胃饥饿素的水平，提高胰岛素敏感性，达到长期抑制食欲和控制血糖的目的(Cani et al.，2004)。据笔者所知，这是第一次采用可溶性膳食纤维和不溶性膳食纤维对 2 型糖尿病大鼠降血糖的作用效果进行研究，尽管可溶性膳食纤维和不溶性膳食纤维长期(>3 周)干预摄食量和体重的具体机制尚不明确，但是本书会对其作用机制进行初步探讨。

　　上述结果表明，可溶性膳食纤维，尤其是中剂量可溶性膳食纤维可以减少 2 型糖尿病大鼠的摄食量[图 2.32(b)]、增加大鼠体重和食物转化效率。与糖尿病模型鼠和摄入不溶性膳食纤维的糖尿病大鼠相比，摄入可溶性膳食纤维的糖尿病大鼠可以更有效地利用食物中的能量(Brockman et al.，2012)。已有的研究也表明，摄入人参和不同黏度的 HPMC 后，糖尿病大鼠的摄食量降低，体重增加(Banz et al.，2007；Brockman et al.，2012)。可能的作用机制是摄入可溶性膳食纤维后，某些肠道激素，如胰高血糖素样肽-1(GLP-1)、酪酪肽(PYY)和肠促胰酶肽的浓度增大，这些激素可以通过调节胰腺分泌、延缓胃排空时间等来增加饱腹感，最终减少糖尿病大鼠对食物的摄取量(Bourdon et al.，1999；Cani et al.，2004)。此外，也有一些研究者认为，摄入可溶性膳食纤维后，胰岛素依赖型葡萄糖转运蛋白-4(GLUT-4)的浓度会通过过氧化物酶增值物激活受体-γ(PPAR-γ)浓度的增加而增加，从而改善胰岛素耐受性，减缓餐后血糖反应，最终改善体重(Adam et al.，2014；Cordero-Herrera et al.，2015)。

2.4.2　孜然膳食纤维对糖尿病大鼠血糖的影响

图 2.33(a)～(b)分别表示孜然可溶性膳食纤维和不溶性膳食纤维对 2 型糖尿病大鼠血糖和糖化血红蛋白浓度的影响。试验初期，8 组糖尿病大鼠的初始血糖值显著高于正常对照组大鼠的血糖值。而 4 周试验结束时，糖尿病模型鼠的血糖值与初始值相比，进一步提高了 35.07%，而摄入高剂量、中剂量和低剂量可溶性膳食纤维后，糖尿病大鼠的血糖值分别降低了 15.24%、19.41%和 17.27%；而摄入不同剂量的不溶性膳食纤维后，糖尿病大鼠的血糖值没有得到明显的改善；摄入二甲双胍后，糖尿病大鼠的血糖值显著下降，与初始血糖值相比，降低了 26.10%。

糖化血红蛋白是人体血液中红细胞内血红蛋白与血糖结合的产物，可以反映机体长期的血糖浓度。从图 2.33(b)中可以看出，糖尿病模型鼠、高剂量可溶性膳食纤维组和三个不同剂量不溶性膳食纤维组糖尿病大鼠的糖化血红蛋白浓度较高。然而，与糖尿病模型鼠相比，摄入中剂量和低剂量可溶性膳食纤维后，糖尿病大鼠的糖化血红蛋白浓度分别降低了 15.15%和 12.12%；摄入二甲双胍后，糖

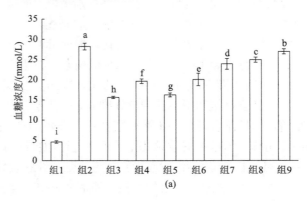

(a)

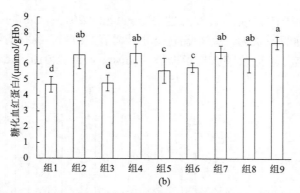

图 2.33　孜然可溶性与不溶性膳食纤维对 2 型糖尿病大鼠血糖(a)和糖化血红蛋白(b)的影响

尿病大鼠的糖化血红蛋白浓度降低至正常水平。糖化血红蛋白浓度高，可能是因为盲肠发酵产物中乙酸浓度较高，而可以调节血糖反应的丙酸和丁酸的浓度较低(Galisteo et al.，2010)。

上述结果与 Uskoković 等(2013)的研究结果类似，其研究显示，富含 β-葡聚糖的谷物提取物可以降低链脲佐菌素诱导的糖尿病大鼠的空腹血糖和糖化血红蛋白浓度。这可能是因为 TDF、可溶性膳食纤维、不溶性膳食纤维及其他可发酵性多糖可以被肠道菌群发酵，形成短链脂肪酸，从而通过 PPAR-γ 途径增加 GLUT-4 的表达量，进而延缓餐后血糖反应(Galisteo et al.，2010)。该作用机制只是一种假说，需要进一步验证。

2.4.3　孜然膳食纤维对糖尿病大鼠胰岛素的影响

胰岛素作为一种葡萄糖依赖型激素，参与葡萄糖代谢，控制血糖平衡。从图 2.34 中可以看出，与正常对照组相比，糖尿病模型鼠血浆胰岛素浓度增加了48.72%，这表明糖尿病大鼠出现了胰岛素抵抗症状。摄入高剂量、中剂量和低剂量可溶性膳食纤维后，糖尿病大鼠血浆胰岛素浓度分别降低了 16.67%、27.53% 和21.84%，且中剂量可溶性膳食纤维的作用效果与二甲双胍的作用效果(下降了25.86%)没有显著性差异。而摄入高剂量、中剂量和低剂量不溶性膳食纤维后，糖尿病大鼠血浆胰岛素浓度分别降低了 4.02%、6.32% 和 5.17%。胰岛素敏感指数(QUICKI)的计算结果也表明，糖尿病模型鼠的胰岛素敏感性指数最低，这也证实了糖尿病大鼠有一定程度的胰岛素抵抗症状。Brockman 等(2012)的研究结果显示，低黏度和高黏度的 HPMC 均可以改善 ZDF 大鼠的胰岛素耐受性，且高黏度HPMC 组大鼠的胰岛素敏感指数较高。Erukainure 等(2013)研究了富含膳食纤维的饼干是否可以改善大鼠胰岛素敏感性，结果显示，含有香蕉、柑橘和西瓜膳食纤维的饼干可以减轻大鼠的胰岛素抵抗，这可以从胰岛素抵抗指数降低的结果得到。已有多项研究表明，胰岛素受体底物-1（IRS-1）、GLUT-4 和葡萄糖激酶等表达量提高，有助于改善胰岛素敏感性 (Kim et al., 2015; Cordero-Herrera et al., 2015)。也有一种假说认为，短链脂肪酸可以调节 GLP-1、肠抑胃肽和胃饥饿素的分泌，延缓胃排空，进而改善胰岛素抵抗 (Galisteo et al., 2010; Adam et al., 2014)。

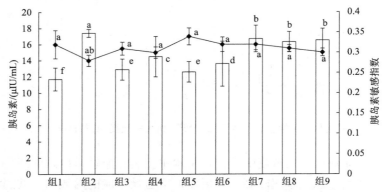

图 2.34　孜然可溶性与不溶性膳食纤维对 2 型糖尿病大鼠胰岛素及胰岛素敏感指数的影响

2.4.4　孜然膳食纤维对糖尿病大鼠脂联素和瘦素的影响

脂联素和瘦素是脂肪组织分泌的两种胞内激素，均可以参与调节机体的胰岛素抵抗。图 2.35 (a) 的结果显示，与正常对照组相比，糖尿病模型鼠血浆脂联素浓度降低了 69.23%，这也可以说明糖尿病大鼠的胰岛素敏感性下降，出现了胰岛素抵抗症状，这与图 2.34 的结果相呼应。与糖尿病模型鼠相比，摄入高剂量、中剂量和低剂量可溶性膳食纤维 4 周后，糖尿病大鼠血浆脂联素浓度分别增加了 1.25 倍、1.00 倍和 0.75 倍；摄入高剂量、中剂量和低剂量不溶性膳食纤维 4 周后，糖尿病大鼠血浆脂联素浓度分别增加了 0.50 倍、0.50 倍和 0.25 倍。上述结果与已有研究结果一致，例如，Galisteo 等 (2005) 和 Galisteo 等 (2010) 的研究结果表明，富含可溶性膳食纤维的车前草可以上调大鼠血浆中脂联素的表达量。两个临床研究也表明，患有糖尿病的男患者和女患者摄入含有谷物纤维的饮食后，机体血糖负荷降低，脂联素浓度增加 (Qi et al., 2005; Qi et al., 2006)。

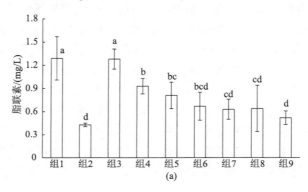

(a)

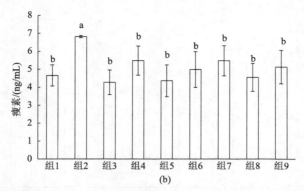

图 2.35　孜然可溶性与不溶性膳食纤维对 2 型糖尿病大鼠脂联素（a）和瘦素（b）的影响

图 2.35（b）结果显示，与正常对照组相比，糖尿病模型鼠的血浆瘦素浓度上升了 44.68%。Lee 和 Fried（2006）研究结果显示，胰岛素分泌过多会促进瘦素的分泌，瘦素分泌量过多的大鼠会出现代谢综合征。摄入二甲双胍、SDF 和 IDF 后，大鼠血浆瘦素浓度均有下降，且各组之间没有显著性差异。

2.4.5　孜然膳食纤维对糖尿病大鼠促炎症细胞因子的影响

正常对照组和不同处理组糖尿病大鼠血浆中肿瘤坏死因子-α（TNF-α）、游离脂肪酸（FFA）、C 反应蛋白（CRP）和白细胞介素-4（IL-4）含量测定的结果见图 2.36。TNF-α、FFA 和 CRP 是三种主要的促炎症细胞因子，均与机体的急性时相蛋白反应有关。

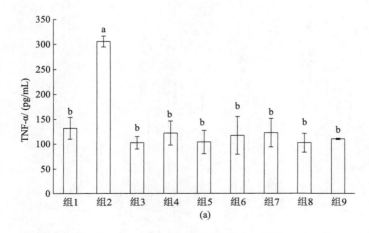

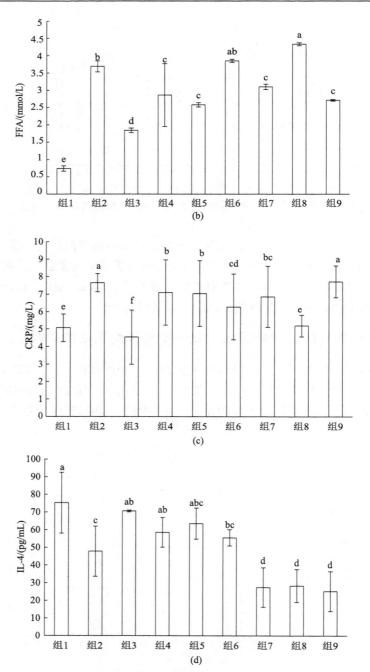

图 2.36　孜然可溶性与不溶性膳食纤维对 2 型糖尿病大鼠 TNF-α(a)、FFA(b)、CRP(c)
和 IL-4(d)的影响

TNF-α 是一种多效炎症因子，主要由单核细胞、巨噬细胞和 T 细胞分泌。已有多项研究表明，TNF-α 基因参与编码一个有效的细胞因子，该细胞因子已被证明与胰岛素耐受性、肥胖和 2 型糖尿病的发病机理有关（Rasmussen et al.，2000；Li et al.，2003；Nishimura et al.，2003）。也有研究显示，糖尿病大鼠的肾小球和肾小管上皮细胞中 TNF-α 的含量及 mRNA 表达量均有提高，这些研究表明 TNF-α 表达水平的高低可以反映糖尿病、肾病的病变程度（Navarro et al.，2005；DiPetrillo and Gesek，2004）。从图 2.36（a）中可以看出，与正常对照组相比，糖尿病模型鼠血浆中 TNF-α 的表达水平提高了 126.04%，当摄入二甲双胍、不同剂量的可溶性膳食纤维和不溶性膳食纤维后，糖尿病大鼠血浆中 TNF-α 的表达水平有不同程度的下降，其中，二甲双胍、中剂量可溶性膳食纤维和中剂量不溶性膳食纤维组大鼠血浆中 TNF-α 的水平最低，与糖尿病模型鼠相比，分别下降了 66.48%、66.01%和 66.57%。

FFA 是机体内中性脂质，主要是甘油三酯分解生成的物质，当机体活动所需要的能源物质——肝糖耗尽时，FFA 可以作为人体能量代谢的补充物质。FFA 也可以作为代谢综合征和心脑血管疾病发病的监测指标。例如，当机体出现胰岛素抵抗、肥胖、糖尿病、高脂血症等症状，血浆中 FFA 的浓度会显著升高。此外，FFA 具有细胞毒性，过高浓度的 FFA 会损伤多种细胞。例如，FFA 会破坏胰岛 β 细胞，进而抑制胰岛素分泌，最终使机体产生糖尿病及多种并发症。因此，监测 FFA 浓度的高低，对预防代谢综合征和心脑血管疾病具有重要作用（Sako and Grill，1990；Unger，1995；Unger and Zhou，2001）。从图 2.36（b）中可以看出，正常大鼠血浆中 FFA 的浓度为 736μmol/L，而糖尿病模型鼠血浆中 FFA 的浓度急剧上升至 3691μmol/L，与正常对照相比，增加了 4.01 倍，这说明糖尿病模型鼠的肝脏中可能出现了炎症反应（Uskoković et al.，2013）。然而，摄入二甲双胍以及高、中剂量的可溶性膳食纤维和高、低剂量的不溶性膳食纤维后，糖尿病大鼠血浆中 FFA 的浓度均有不同程度地降低。

CRP 是机体内很常见的一种促炎症血浆蛋白，主要参与机体的急性时相反应。CRP 可以产生炎性介质，从而溶解靶细胞；也可以作用于单核细胞的受体和淋巴细胞，从而使淋巴细胞坏死。CRP 已被确认是心血管疾病和糖尿病等疾病的预测因子。图 2.36（c）结果显示，与正常对照相比，糖尿病模型鼠血浆中 CRP 的浓度提高了 50.89%。糖尿病大鼠摄入二甲双胍、不同剂量的可溶性膳食纤维和不溶性膳食纤维后，大鼠血浆中 CRP 的浓度有不同程度的下降。其中，二甲双胍使大鼠血浆中 CRP 的浓度下调了 40.65%，高、中、低剂量可溶性膳食纤维分别使大鼠血浆中 CRP 的浓度降低了 7.32%、8.10%和 18.04%，高剂量和中剂量不溶性膳食纤维分别使大鼠血浆中 CRP 的浓度降低了 10.46%和 32.29%，而低剂量不溶性膳食纤维对糖尿病大鼠血浆中 CRP 的浓度没有影响。

IL-4 主要是 T 细胞分泌的一种细胞因子，可以参与激活免疫细胞、介导 B 细胞和 T 细胞的增殖与分化，因此在炎症反应中发挥着重要作用。从图 2.36（d）中可以看出，与正常对照鼠相比，糖尿病模型鼠血浆中 IL-4 的浓度下调了 36.39%，当大鼠摄入二甲双胍及不同剂量的可溶性膳食纤维后，大鼠血浆中 IL-4 的浓度分别上调了 47.48% 和 16.08%~32.74%，而不溶性膳食纤维对糖尿病大鼠血浆中 IL-4 浓度的上调没有显著性作用。

上述结果显示，可溶性膳食纤维在减轻糖尿病大鼠炎症方面，比不溶性膳食纤维具有更好的作用，主要表现在可溶性膳食纤维可以显著地降低糖尿病大鼠血浆中 TNF-α、FFA 和 CRP，并可以上调血浆中 IL-4 的浓度。Uskoković 等（2013）的研究显示，富含 β-葡聚糖的谷物提取物可以下调 STZ 诱导的糖尿病大鼠血浆中 TNF-α 的表达水平，并可以上调血浆中 IL-4 的浓度，这说明富含 β-葡聚糖的谷物提取物可以抑制机体产生的炎症反应。该结果与本书研究的结果类似。膳食纤维，尤其是可溶性膳食纤维，在肠道中发酵形成短链脂肪酸，其中丁酸浓度的提高被认为具有降低炎症的作用（Zapolska-Downar et al.，2004）。一些临床试验的结果也显示，丁酸可以改善炎症性肠道疾病的炎症反应（Segain et al.，2000）。此外，炎症因子表达量的下降可以降低肝细胞损伤、缓解氧化应激反应，也可以通过抑制 RAGE/NF-κB 信号通路来改善高血糖症（Gao，2005；Mihailović et al.，2013）。

2.4.6 孜然膳食纤维对糖尿病大鼠血浆脂质的影响

表 2.15 表示孜然可溶性膳食纤维和不溶性膳食纤维对 2 型糖尿病大鼠血浆中 TC、TG、LDL-C 和 HDL-C 的影响。从表 2.15 中可以看出，正常大鼠血浆中 TC、TG 和 LDL-C 的浓度分别为 48.5mg/mL、1.1mmol/L 和 0.8mg/mL，糖尿病模型鼠血浆中 TC、TG 和 LDL-C 的浓度分别为 80.6mg/mL、41.2mmol/L 和 34.4mg/mL。与正常大鼠相比，糖尿病模型鼠血浆中 TC、TG 和 LDL-C 的浓度分别提高了 0.66 倍、36.45 倍和 42.00 倍，这说明高糖高脂饮食和 STZ 诱导的 2 型糖尿病大鼠出现了明显的高脂血症状，该症状的出现除受饮食影响之外，也受葡萄糖代谢紊乱的影响。此外，HDL-C 是血液中的一种"优质"胆固醇，它可以将不良的胆固醇酯运送回肝脏，再清除出血液，从而避免血管堵塞和动脉粥样硬化。表 2.15 结果也显示，糖尿病模型鼠血浆中 HDL-C 的浓度显著低于正常大鼠（$P < 0.05$）。

表 2.15 孜然可溶性与不溶性膳食纤维对 2 型糖尿病大鼠血浆脂质的影响

分组	TC/(mg/mL)	TG/(mmol/L)	LDL-C/(mg/mL)	HDL-C/(mg/mL)
组 1	48.5 ± 2.7[h]	1.1 ± 0.1[h]	0.8 ± 0.1[h]	231.4 ± 9.4[a]
组 2	80.6 ± 3.5[a]	41.2 ± 8.4[a]	34.4 ± 4.2[a]	147.7 ± 8.9[g]
组 3	64.7 ± 2.8[fg]	17.1 ± 2.5[de]	27.5 ± 2.7[c]	224.2 ± 9.3[b]
组 4	74.5 ± 4.1[b]	22.2 ± 3.4[b]	25.4 ± 4.9[d]	187.4 ± 8.5[d]
组 5	69.8 ± 2.3[d]	13.0 ± 1.8[g]	19.4 ± 1.9[f]	196.2 ± 8.7[c]

续表

分组	TC/(mg/mL)	TG/(mmol/L)	LDL-C/(mg/mL)	HDL-C/(mg/mL)
组 6	68.4 ± 1.7^e	21.2 ± 1.7^c	18.7 ± 1.3^{fg}	180.9 ± 7.1^e
组 7	65.4 ± 2.6^f	16.5 ± 1.4^{ef}	22.3 ± 2.1^e	169.3 ± 4.7^f
组 8	70.3 ± 1.9^c	16.5 ± 1.8^{ef}	25.1 ± 1.4^d	138.4 ± 9.4^h
组 9	69.7 ± 2.5^d	17.8 ± 2.4^d	33.1 ± 2.3^b	123.5 ± 6.8^i

当糖尿病大鼠分别摄入不同剂量的孜然可溶性膳食纤维和不溶性膳食纤维后，血浆中 TC、TG、LDL-C 和 HDL-C 的浓度发生了显著性变化。当大鼠摄入高、中、低剂量的可溶性膳食纤维后，血浆 TC 浓度分别下降了 7.57%、13.40% 和 15.13%，TG 的浓度分别下降了 46.12%、68.45% 和 48.54%，LDL-C 的浓度分别下降了 26.16%、43.60% 和 45.64%，HDL-C 的浓度分别增加了 26.88%、32.84% 和 22.48%；当大鼠摄入高、中、低剂量的不溶性膳食纤维后，血浆 TC 浓度分别下降了 18.86%、12.78% 和 13.52%，TG 的浓度分别下降了 59.95%、59.95% 和 56.80%，LDL-C 的浓度分别下降了 35.17%、27.03% 和 3.78%；摄入高剂量不溶性膳食纤维后，大鼠血浆中 HDL-C 的浓度增加了 14.62%，而摄入中剂量和低剂量不溶性膳食纤维后，大鼠血浆中 HDL-C 的浓度与糖尿病模型鼠相比，有显著性下降（$P < 0.05$）。

Brockman 等（2012）的研究表明，高黏度的 HPMC 可以降低肥胖大鼠血浆中 TC 和血浆脂质的浓度，从而减少肝脏脂肪累积。Li 等（2014）的研究结果显示，高糖高脂饮食和低剂量 STZ 诱导的糖尿病大鼠血浆中 TC、TG、LDL-C 的浓度与正常大鼠相比，有显著性增加，HDL-C 的浓度有显著下降，摄入植物乳杆菌发酵的胡萝卜汁后，大鼠血浆中 TC、TG 和 LDL-C 的浓度有一定程度的下降，HDL-C 的浓度没有显著差异。上述结果均与本书研究的结果类似。

血脂异常是糖尿病的普遍特征，也是患有 2 型糖尿病患者发生心脑血管疾病的主要原因。在高糖高脂饮食和 STZ 诱导的糖尿病模型中，TC、TG 和 LDL-C 的浓度提高了，HDL-C 的浓度下降了。膳食纤维能改善上述症状的原因可能是摄入的膳食纤维在肠道菌群的发酵作用下生成了短链脂肪酸，主要是丁酸，而丁酸在调节血糖和脂质代谢中发挥了重要作用（Li et al.，2014）。

2.4.7　孜然膳食纤维对糖尿病大鼠肝脏质量和肝脏脂质的影响

图 2.37(a) 表示正常大鼠和糖尿病大鼠的肝脏质量。结果显示，组 2～组 9 中糖尿病大鼠的肝脏质量显著高于正常组大鼠的肝脏质量，摄入二甲双胍、不同剂量的可溶性膳食纤维和不溶性膳食纤维后，糖尿病大鼠的肝脏质量在组间没有显著差异，但低于糖尿病模型鼠。糖尿病鼠肝脏质量高于正常对照组大鼠的肝脏质

量，这可能是因为糖代谢紊乱引起脂肪代谢异常，造成肝脏脂肪积累和肝脏脂肪细胞变性，这与已有的研究结果一致（Brockman et al.，2012）。

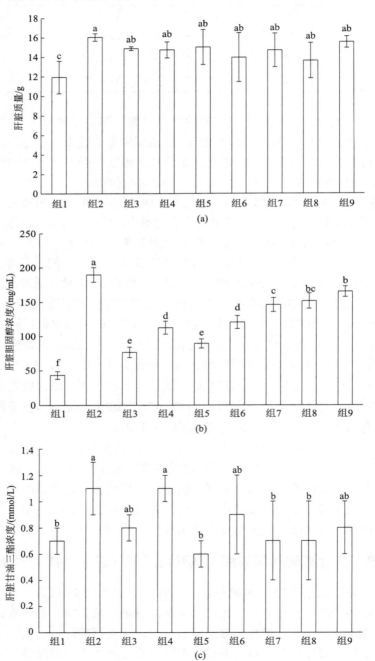

(a)

(b)

(c)

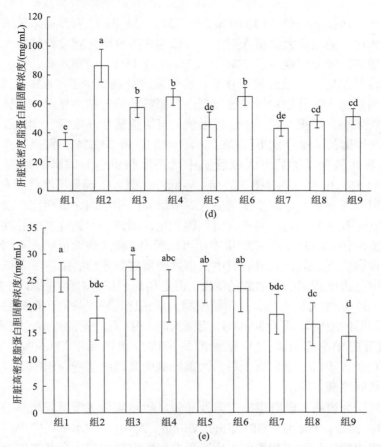

图 2.37　孜然可溶性与不溶性膳食纤维对 2 型糖尿病大鼠肝脏质量(a)、胆固醇(b)、甘油三酯(c)、低密度脂蛋白胆固醇(d)和高密度脂蛋白胆固醇(e)的影响

　　肝脏脂肪积累和肝脏脂肪细胞变性与胰岛素耐受性有关,这也是肝脏出现非酒精性肝损伤的初步症状(Cassader et al., 2001; Sanyal et al., 2001)。本节测定了正常对照组大鼠和糖尿病组大鼠肝脏中胆固醇、甘油三酯、低密度脂蛋白胆固醇和高密度脂蛋白胆固醇的浓度,并以此来分析糖尿病鼠增加的肝脏质量是否与肝脏脂肪累积和肝脏脂肪变性有关。图 2.37(b)～(e)分别表示不同剂量的可溶性膳食纤维和不溶性膳食纤维对糖尿病鼠肝脏中胆固醇、甘油三酯、低密度脂蛋白胆固醇和高密度脂蛋白胆固醇浓度的影响。结果表明,与正常对照组相比,糖尿病模型鼠肝脏中胆固醇、甘油三酯和低密度脂蛋白胆固醇的浓度分别提高了 3.38 倍、0.57 倍和 1.44 倍;与糖尿病模型鼠相比,糖尿病大鼠摄入高、中、低剂量的可溶性膳食纤维后,大鼠肝脏中胆固醇的浓度分别降低了 40.59%、52.83% 和 36.53%,而摄入高、中、低剂量的不溶性膳食纤维后,大鼠肝脏中胆固醇的浓度

分别降低 23.17%、20.26%和 13.07%［图 2.37(b)］。图 3.37(c)结果显示，与糖尿病模型鼠相比，糖尿病大鼠摄入高、中、低剂量的可溶性膳食纤维后，大鼠肝脏中甘油三酯的浓度分别减少了 0%、27.27%和 18.18%，而摄入高、中、低剂量的不溶性膳食纤维后，大鼠肝脏中甘油三酯的浓度分别减少了 36.36%、36.36%和 27.27%。对各组大鼠肝脏中低密度脂蛋白胆固醇的测定结果显示，与糖尿病模型鼠相比，糖尿病大鼠摄入高、中、低剂量的可溶性膳食纤维后，大鼠肝脏中低密度脂蛋白胆固醇的浓度分别下降 25.00%、47.22%和 24.65%，而摄入高、中、低剂量的不溶性膳食纤维后，大鼠肝脏中低密度脂蛋白胆固醇的浓度分别下降 50.23%、44.56%和 40.63%［图 3.37(d)］。此外，摄入中剂量可溶性膳食纤维后，糖尿病大鼠肝脏中胆固醇的浓度与摄入二甲双胍的糖尿病大鼠相比，没有显著差异($P<0.05$)［图 3.37(b)］。与正常对照组相比，糖尿病大鼠肝脏中甘油三酯的浓度有显著提高［图 3.37(c)］。从结果中还可以看出，糖尿病大鼠摄入不同剂量可溶性和不溶性膳食纤维后，大鼠肝脏中低密度脂蛋白胆固醇的浓度显著低于糖尿病大鼠肝脏中低密度脂蛋白胆固醇的浓度，但是稍高于正常对照组［图 3.37(d)］。另外，从图 3.37(e)中可以看出，与非糖尿病大鼠相比，糖尿病模型鼠肝脏中高密度脂蛋白胆固醇的浓度降低了 30.00%，当摄入高、中、低剂量的可溶性膳食纤维后，糖尿病鼠肝脏中高密度脂蛋白胆固醇的浓度分别提高了 23.60%、35.96%和 31.46%，而摄入不溶性膳食纤维后，大鼠肝脏中高密度脂蛋白胆固醇的浓度却随剂量的降低而逐渐下降。

已有的研究表明，肝脏脂质代谢紊乱和血脂异常是 2 型糖尿病早期阶段的典型症状(St, 2009；The ACCORD Study Group, 2010)。在本书研究中，糖尿病大鼠肝脏中胆固醇、甘油三酯和低密度脂蛋白胆固醇的浓度提高及高密度脂蛋白胆固醇的浓度下降均与高胰岛素耐受性和低胰岛素敏感性有关，这也与图 2.34 的结果相一致。当糖尿病大鼠摄入不同剂量的可溶性膳食纤维和不溶性膳食纤维后，肝脏胆固醇、甘油三酯和低密度脂蛋白胆固醇的浓度有不同程度的降低，这说明可溶性膳食纤维和不溶性膳食纤维能够缓解胰岛素耐受性引起的肝脏胆固醇、甘油三酯和低密度脂蛋白胆固醇的累积。值得注意的是，不同剂量的可溶性膳食纤维均可以提高糖尿病大鼠肝脏中高密度脂蛋白胆固醇的浓度，而不溶性膳食纤维并没有提高糖尿病大鼠肝脏中高密度脂蛋白胆固醇的浓度，并且，糖尿病大鼠肝脏中高密度脂蛋白胆固醇的浓度也随着不溶性膳食纤维剂量的降低而持续降低。上述结果与 Erukainure 等(2013)的研究结果部分一致。Erukainure 等(2013)研究结果显示，富含柑橘膳食纤维、菠萝膳食纤维和西瓜膳食纤维的饼干可以抑制糖尿病大鼠肝脏中胆固醇、甘油三酯和低密度脂蛋白胆固醇浓度的增加，也可以提高糖尿病大鼠肝脏中高密度脂蛋白胆固醇的浓度，从而改善肝脏脂肪代谢。膳食纤维能够改善大鼠肝脏脂肪代谢的原因可能是膳食纤维能够在结肠和盲肠中发醇，生成短链脂肪酸，且短链脂肪酸可以抑制胆固醇合成，从而降低胆固醇、甘油三酯和低密度脂蛋白胆固醇的含量(Isken et al.，2010；Kosmala et al.，2011；Kaczmarczyk et al.，2012)。

2.4.8　孜然膳食纤维对糖尿病大鼠盲肠中短链脂肪酸的影响

大肠菌群和肠道健康会影响肥胖、糖尿病和其他多种疾病的发病率，这些疾病主要受盲肠中短链脂肪酸浓度的影响(Turnbaugh et al.，2006；Weitkunat et al.，2015)。短链脂肪酸在调节人体能量代谢、葡萄糖稳态、脂质合成及免疫等方面发挥着重要作用(Zapolska-Downar et al.，2004；Verbrugghe et al.，2012)。因此，本节测定了正常对照大鼠和糖尿病大鼠盲肠中短链脂肪酸的浓度，并分析其对 2 型糖尿病大鼠多种症状的影响。

正常对照大鼠和 2 型糖尿病大鼠盲肠中检测出四种主要的短链脂肪酸，分别为乙酸、乳酸、丁酸和丙酸(表 2.16)。从表 2.16 中可以看出，糖尿病模型鼠中乙酸的浓度显著高于正常对照组及摄入二甲双胍、可溶性膳食纤维和不溶性膳食纤维的糖尿病大鼠盲肠中乙酸的浓度。该结果说明，过多的乙酸会转化为乙酰辅酶A(acetyl-CoA)，从而引起胰岛素耐受性和葡萄糖代谢紊乱，并加快肝脏中胆固醇和脂质的合成(Zambell et al.，2003)。与糖尿病模型鼠相比，摄入高、中、低剂量的可溶性膳食纤维后，糖尿病大鼠盲肠中乙酸的浓度分别降低了 5.35%、11.53%和 7.13%；摄入高、中、低剂量的不溶性膳食纤维后，糖尿病大鼠盲肠中乙酸的浓度分别降低了 15.25%、12.38%和 15.02%，这说明与可溶性膳食纤维相比，不溶性膳食纤维在抑制胆固醇和脂质合成方面可以发挥更好的作用。上述结果与Adam 等(2014)的结论类似，Adam 等(2014)研究了纤维素、低聚果糖、燕麦 β-葡聚糖和苹果果胶对成年雄性大鼠盲肠中短链脂肪酸的影响，结果显示，除苹果果胶外，其他三种物质均能降低大鼠盲肠中乙酸的浓度，且低聚果糖组和燕麦 β-葡聚糖组大鼠盲肠中乙酸浓度最低。此外，与正常对照组相比，糖尿病模型鼠盲肠中乳酸、丁酸和丙酸的浓度分别减少了 72.49%、67.76%和 34.96%；摄入高、中、低剂量的可溶性膳食纤维和不溶性膳食纤维后，糖尿病大鼠盲肠中乳酸和丁酸的浓度有不同程度的提高，其中，可溶性膳食纤维组大鼠盲肠中乳酸和丁酸的浓度均高于不溶性膳食纤维组大鼠盲肠中乳酸和丁酸的浓度，且可溶性膳食纤维组间和不溶性膳食纤维组间没有显著差异。与糖尿病模型鼠相比，摄入高、中、低剂量的可溶性膳食纤维后，糖尿病大鼠盲肠中丙酸的浓度分别提高了 45.54%、50.07%和 48.66%，而摄入高、中、低剂量的不溶性膳食纤维后，糖尿病大鼠盲肠中丙酸的浓度分别提高了 20.44%、19.31%和 14.32%，显著低于二甲双胍组(48.66%)和可溶性膳食纤维组。

表 2.16　孜然可溶性与不溶性膳食纤维对 2 型糖尿病大鼠盲肠中短链脂肪酸浓度的影响（μg/mL）

分组	乙酸	乳酸	丁酸	丙酸
组 1	2486.97 ± 23.46^e	420.45 ± 15.27^a	789.86 ± 10.84^a	1256.98 ± 12.34^a
组 2	2956.48 ± 24.47^a	115.68 ± 10.47^e	254.69 ± 6.86^d	817.56 ± 11.79^g
组 3	2516.87 ± 19.62^e	230.87 ± 8.89^b	648.75 ± 9.48^b	1215.36 ± 10.94^c
组 4	2798.31 ± 15.47^b	198.56 ± 9.56^c	468.54 ± 7.84^c	1189.84 ± 12.63^d
组 5	2615.48 ± 12.56^d	194.34 ± 9.64^c	475.69 ± 6.99^c	1226.89 ± 10.58^b
组 6	2745.68 ± 16.49^c	186.96 ± 7.68^c	482.36 ± 10.38^c	1235.36 ± 8.94^b
组 7	2505.68 ± 14.29^e	165.26 ± 6.35^d	262.53 ± 8.56^d	984.69 ± 11.38^e
组 8	2590.56 ± 14.85^d	162.32 ± 5.69^d	258.96 ± 6.48^d	975.46 ± 9.47^e
组 9	2512.56 ± 15.85^e	159.65 ± 9.63^d	255.64 ± 7.83^d	934.67 ± 15.96^f

　　Weitkunat 等（2015）研究了非发酵型纤维素和发酵型菊粉对无菌小鼠肠道中短链脂肪酸的影响。结果显示，纤维素和菊粉均可以提高小鼠肠道中乙酸、丙酸和丁酸的浓度，且摄入菊粉后，小鼠肠道中短链脂肪酸的浓度高于纤维素组。该结果与本书研究结果部分一致。可能的原因是可溶性膳食纤维和菊粉具有发酵性，可以作为肠道菌群作用的底物，从而生成不同类型和浓度的短链脂肪酸，而不溶性膳食纤维和纤维素几乎没有发酵性。此外，丙酸和丁酸浓度的提高可以抑制细胞氧化应激、炎症及葡萄糖和脂质代谢紊乱（Zapolska-Downar et al.，2004；Holt et al.，2009；Verbrugghe et al.，2012）。

2.4.9　孜然膳食纤维对糖尿病大鼠血浆胃饥饿素、酪酪肽和胰高血糖素样肽-1 的影响

　　图 2.38（a）～（c）分别表示孜然可溶性膳食纤维和不溶性膳食纤维对 2 型糖尿病大鼠血浆中胃饥饿素、酪酪肽（PYY）和胰高血糖素样肽-1（GLP-1）的影响。从图 2.38（a）中可以看出，正常大鼠血浆中胃饥饿素的浓度为 0.88ng/mL，而糖尿病模型鼠血浆中胃饥饿素的浓度有显著性提高（$P<0.05$），与正常大鼠相比，提高了 1.01 倍；当大鼠摄入高、中、低剂量的可溶性膳食纤维后，血浆中胃饥饿素的浓度与糖尿病模型鼠相比，分别下降了 0.46 倍、0.48 倍和 0.46 倍；而大鼠摄入高、中、低剂量的不溶性膳食纤维后，血浆中胃饥饿素的浓度与糖尿病模型鼠相比，分别下降了 0.34 倍、0.32 倍和 0.33 倍；大鼠摄入降糖药物二甲双胍后，血浆中胃饥饿素的浓度与正常大鼠相比，未见显著性差异（$P>0.05$）。这说明可溶性膳食纤维和不溶性膳食纤维均可以降低糖尿病大鼠血浆中胃饥饿素的浓度，从而减轻大

鼠的饥饿感，最终减少大鼠的摄食量，并且可溶性膳食纤维的效果优于不溶性膳食纤维。

PYY，也称 YY 肽，是一种肠道衍生激素，可以抑制机体食欲，从而减少机体对食物的摄取。从图 2.38(b)中可以看出，正常大鼠血浆中 YY 肽的浓度最高，为 2.91ng/mL，而糖尿病模型鼠血浆中 YY 肽的浓度与正常大鼠相比，有显著性下降，下降了 39.86%($P<0.05$)；当大鼠摄入高、中、低剂量的可溶性膳食纤维后，血浆中 YY 肽的浓度与糖尿病大鼠相比，分别提高了 25.14%、44.57%和 15.43%；大鼠摄入高剂量不溶性膳食纤维后，血浆中 YY 肽的浓度与糖尿病大鼠相比，提高了 15.43%，与低剂量可溶性膳食纤维组相比，没有显著性差异，而当大鼠摄入中剂量的不溶性膳食纤维后，大鼠血浆中 YY 肽的浓度与糖尿病模型鼠相比，提高了 11.43%，而低剂量不溶性膳食纤维对改善大鼠 YY 肽的浓度没有任何影响($P>0.05$)。

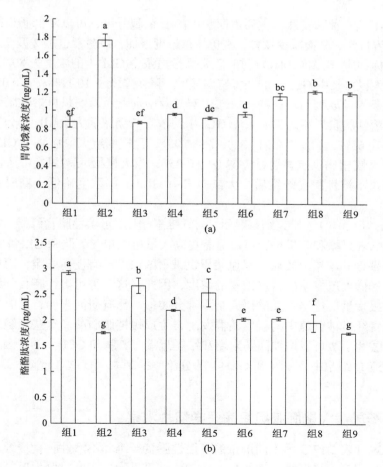

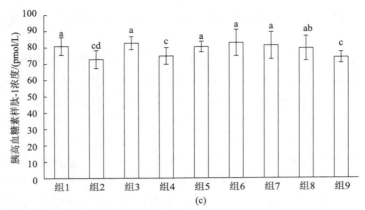

图 2.38 孜然可溶性与不溶性膳食纤维对 2 型糖尿病大鼠血浆中胃饥饿素（a）、酪酪肽（b）和胰高血糖素样肽-1（c）的影响

GLP-1 是一种脑肠肽，主要由回肠内的 L 细胞分泌，可以降低肠道蠕动的速度，延缓胃排空，从而减少饮食，避免体重过度增加，该激素也是 2 型糖尿病药物治疗的靶标物质。由图 2.38（c）可知，正常大鼠血浆中 GLP-1 的浓度为 80.83pmol/L，而糖尿病大鼠血浆中 GLP-1 的浓度有明显的下降，降低了 10.12%（$P<0.05$）。当糖尿病大鼠摄入糖尿病治疗药物——二甲双胍及中剂量、低剂量可溶性膳食纤维和高剂量不溶性膳食纤维后，血浆中 GLP-1 的浓度与糖尿病大鼠相比，分别增加了 13.75%、10.63%、13.92% 和 11.53%（$P<0.05$），且这四组大鼠血浆中 GLP-1 的浓度与正常大鼠相比没有显著性差异（$P>0.05$）；当大鼠摄入高剂量可溶性膳食纤维和低剂量不溶性膳食纤维后，大鼠血浆中 GLP-1 的浓度略低于糖尿病模型组（$P<0.05$）。

Adam 等（2014）的研究结果显示，与纤维素相比，可溶性膳食纤维，如燕麦 β-葡聚糖、低聚果糖和苹果果胶可以显著提高大鼠血浆中 YY 肽和 GLP-1 的浓度；燕麦 β-葡聚糖和苹果果胶对大鼠血浆胃饥饿素的浓度没有任何影响，而低聚果糖可以显著降低大鼠血浆中胃饥饿素的浓度；因此，这三种可溶性膳食纤维可以降低大鼠的摄食量。这与本文的研究结果部分类似。已有研究表明，具有发酵性的可溶性膳食纤维被肠道中的益生菌群发酵，生成短链脂肪酸。这些短链脂肪酸，尤其是丙酸和丁酸可以增加回肠末端和结肠近端 YY 肽和 GLP-1 的基因表达，从而刺激肠道 L 细胞中 YY 肽和 GLP-1 的分泌，抑制大鼠食欲（Lin et al., 2012; Hansen et al., 2013）。

2.4.10 糖尿病大鼠肝脏组织病理学切片观察

图 2.39 和表 2.17 表示不同剂量的可溶性膳食纤维和不溶性膳食纤维对正常大鼠和 2 型糖尿病大鼠肝脏病理切片的影响。结果显示，正常对照大鼠肝脏中肝细

胞结构完整、排列紧密、细胞尺寸适中、染色均匀，未见肝脏细胞变性和小灶性炎细胞浸润现象。而糖尿病模型大鼠的肝脏有明显的病变现象，例如，肝细胞出现肿胀和水肿；肝脏细胞出现重度病变，有大面积的白色脂肪颗粒；出现炎症，小灶性炎细胞有中度的浸润现象。摄入二甲双胍后，糖尿病大鼠的肝脏未见脂肪积累和炎症，且肝脏病理切片与正常对照大鼠相比，未见差异。

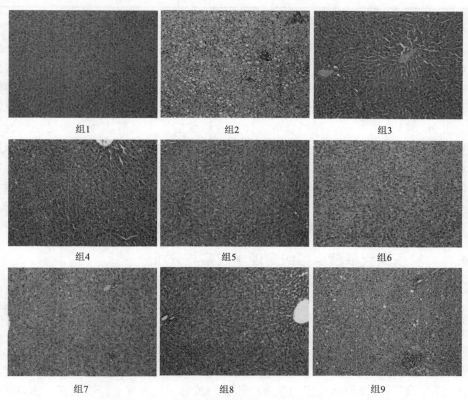

图 2.39　正常大鼠和 2 型糖尿病大鼠肝脏切片(附彩图，见封三)

表 2.17　肝脏病理切片分析

分组	肝细胞脂肪变性	肝脏内小灶性炎细胞浸润
组 1	−	−
组 2	+++	++
组 3	−	−
组 4	++	−
组 5	+	−
组 6	+++	

续表

分组	肝细胞脂肪变性	肝脏内小灶性炎细胞浸润
组 7	++	+
组 8	++	+
组 9	+++	+

注：－未见病变；＋ 轻度病变；++ 中度病变；+++ 重度病变；下同。

　　摄入不同剂量的可溶性膳食纤维后，大鼠肝脏切片中的白色脂肪颗粒有一定程度的减少，其中，摄入中剂量和高剂量可溶性膳食纤维后，大鼠肝脏脂肪细胞只有轻度和中度的病变现象，病变程度明显低于糖尿病模型鼠，而低剂量可溶性膳食纤维组，大鼠肝脏细胞出现了重度病变，与糖尿病模型鼠相比，没有明显差异；此外，摄入高、中、低剂量可溶性膳食纤维后，大鼠肝脏中均未见小灶性炎细胞浸润现象。当糖尿病大鼠摄入高、中、低剂量的不溶性膳食纤维后，大鼠肝细胞出现了与糖尿病模型鼠相似的现象，例如，肝细胞排列松散，出现中度至重度的细胞变形，均有轻度的小灶性炎细胞浸润现象。上述结果表明，可溶性膳食纤维，尤其是高剂量和中剂量的可溶性膳食纤维能够有效地改善肝脏组织形态，抑制肝细胞脂肪累积和炎性细胞浸润，但是其作用效果略低于二甲双胍。

2.4.11　糖尿病大鼠胰腺组织病理学观察与分析

　　图 2.40 和表 2.18 表示不同剂量的可溶性膳食纤维和不溶性膳食纤维对正常大鼠和 2 型糖尿病大鼠胰腺病理切片的影响。结果显示，正常大鼠的胰岛呈椭圆形或近似圆形，面积较大，结构完整，β 细胞分布规则，大小均匀，排列完整，未见变性，且胰岛与 β 细胞边界清晰可见。糖尿病模型组大鼠的胰腺重度萎缩，胰岛面积重度缩小，着色程度较浅，β 细胞严重变性，排列松散，边界模糊不清。摄入二甲双胍后，糖尿病大鼠的胰腺有明显的改善，只表现出轻度病变，胰岛面积显著增大，β 细胞的数量显著增多，边界较清楚。当糖尿病大鼠分别摄入高、中、低剂量的可溶性膳食纤维后，大鼠胰腺的病变程度较糖尿病模型鼠来说，有显著的改善，分别出现了中度、轻度和中度病变。摄入高、中、低剂量的不溶性膳食纤维后，糖尿病大鼠的胰腺分别有中度、中度和重度病变，细胞着色程度较浅。

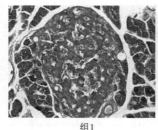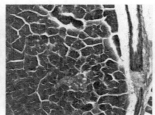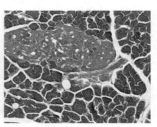

组1　　　　　　　　　　　　组2　　　　　　　　　　　　组3

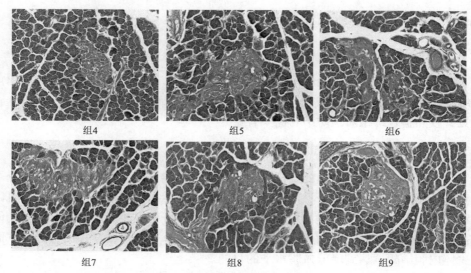

组4　　　　　　　　　组5　　　　　　　　　组6

组7　　　　　　　　　组8　　　　　　　　　组9

图 2.40　正常大鼠和 2 型糖尿病大鼠胰腺切片（附彩图，见封三）

表 2.18　胰腺病理切片分析

分组	胰腺病变
组 1	−
组 2	+++
组 3	+
组 4	++
组 5	+
组 6	++
组 7	++
组 8	++
组 9	+++

　　上述结果表明，糖尿病模型诱导阶段，链脲佐菌素会破坏正常大鼠的胰岛β 细胞，使其部分坏死，并使胰腺发生严重萎缩，从而减少胰岛素的分泌，最终使大鼠血糖升高，引起糖尿病。摄入可溶性和不溶性膳食纤维后，糖尿病大鼠胰岛面积和 β 细胞的数量与糖尿病模型鼠相比有不同程度的增加，其中，中剂量可溶性膳食纤维对胰岛和 β 细胞的改善作用最明显。这说明孜然膳食纤维对胰岛和β 细胞具有显著的修复作用，从而改善胰岛素的分泌和糖原合成，最终起到降低血糖的作用。

2.4.12　孜然膳食纤维的其他作用

1. 预防肠癌

刺激物或毒物停留在结肠内的时间过长是引起结肠癌的原因之一，孜然膳食纤维的高保水能力可以增加人体排便的体积与速度，使有毒物质迅速排出体外。可见，孜然膳食纤维对预防结肠癌大有益处。

2. 对胆固醇的吸附作用

孜然膳食纤维具有较强的降低机体胆固醇的功能，由于孜然膳食纤维的分子质量很大，可在溶液中展开呈网络状结构，从而产生类似交换树脂的作用，可以束缚胆酸、胆汁酸及其盐类物质。这些物质与膳食纤维在小肠内结合后，随粪便排出，体内就需要有额外的胆固醇被转化成胆酸以补偿那些被排掉的部分，从而减少体内胆固醇，达到降低血脂水平的目的。

3. 对 Na^+、K^+、Ca^{2+}、Fe^{3+}、Pb^{2+} 等离子的吸附作用

1981 年，Sentenac 曾提出植物膳食纤维与阳离子的相互作用存在两种机制。第一种机制认为这一过程的内在机制是静电相互作用，其行为受波耳兹曼定律制约，离子间相互作用时的选择性受离子化合价直接影响。第二种机制认为膳食纤维相的阴离子基团与溶液中的阳离子之间存在内在亲和力，其作用结果使阴、阳离子在膳食纤维上形成离子对，进而共享分子轨道，因此其化学行为遵循质量作用定律。孜然膳食纤维中包含一些基团有可能发挥一种类似于弱酸性离子交换树脂的作用，进而影响人体内某些矿物质元素的代谢。

4. 润肠通便作用

便秘，也称大便干燥。一般来说，大便间隔超过 48h，粪便干燥，引起排便困难称为便秘。食糜从盲肠出发到变成粪便、到达结肠末端聚集在一起，通常需要 12～14h。如果饮食中粗纤维或食用纤维的含量高，粗纤维或食用纤维中无法消化的物质有助于扩大结肠容积，吸收与保留水分使粪便柔软，有利于大便通过，也能刺激消化液的分泌与肠道的蠕动，起到润肠通便的作用。

2.5　孜然膳食纤维在食品及保健品中的应用

2.5.1　孜然膳食纤维在面制品中的应用

孜然膳食纤维具有较高的持油能力、保水能力和吸水膨胀性，具有促进肠道

蠕动、增加饱腹感、降血糖、降血脂等功效，因此，将其添加到面制品，如馒头、面包、蛋糕中，可以提高我国居民对膳食纤维的摄入量、改善我国居民的营养膳食结构。何雅蔷等(2009)、郭亚姿和木泰华(2010)等分别将小麦麸皮膳食纤维和甘薯膳食纤维添加到面包和馒头中，研究发现，膳食纤维的添加量在3%时，对面包、馒头的比体积、弹性、咀嚼性、黏结性等质构特性具有较好的作用，这主要是因为膳纤维含有较多的阿拉伯木聚糖、果胶类物质等多糖化合物，可以形成具有一定黏弹性的三维凝胶网络结构；但是当添加量高于3%时，膳食纤维对面包、馒头的品质特性有劣化作用。

2.5.2　孜然膳食纤维在肉制品中的应用

肉制品，如香肠、火腿、肉丸等，是人们日常膳食的重要组成部分，随着人民饮食观念的改变，添加某些功能性成分以改良肉制品的品质和营养已成为目前肉品研究与生产的趋势。孜然膳食纤维具有较高的保水、持油能力，将其添加到肉制品中，不仅可以提高肉制品的口感，降低肉制品在储存过程中的水分及油分损失，提高肉制品货架期，而且可以减少肉制品加工过程中脂肪的添加量(李慧勤，2010；Choi et al.，2010)。

2.5.3　孜然膳食纤维在饮料中的应用

近年来，国内外对膳食纤维饮料的研究日益增多，将孜然膳食纤维，尤其是改性后的孜然膳食纤维可直接加工成固体饮料，也可将其加入到茶、乳酸菌饮料中等，对于孜然膳食纤维的综合利用具有重要作用。

2.5.4　孜然膳食纤维在调味品中的应用

已有研究者和生产加工企业将膳食纤维添加到酱油、牛肉馅料、汉堡馅料等调味品中，效果良好。

2.5.5　孜然膳食纤维在保健品中的应用

孜然膳食纤维除可以作为保水剂、保油剂、食品稳定剂等应用于食品加工外，也可以作为保健成分添加到保健品中。例如，可以做成以孜然膳食纤维为主要原料的片剂、代餐粉、胶囊等，不仅可以提高饱腹感，减少食物摄取量，达到减肥、降血糖、降血脂等保健作用，而且具有较好的经济效益。

参 考 文 献

郭亚姿, 木泰华. 2010. 甘薯膳食纤维物化及功能特性的研究. 食品科技, (9): 65-69.

何雅蔷, 马铁明, 王凤成, 等. 2009. 麦麸膳食纤维添加对面包和馒头品质影响. 粮食与饲料工业, (8): 21-23.

李慧勤. 2010. 膳食纤维添加于肉制品中的应用. 肉类研究, (9): 22-27.

李雁, 熊明洲, 尹丛林, 等. 2012. 红薯渣不溶性膳食纤维超高压改性. 农业工程学报, 28(19): 270-278.

罗东辉. 2010. 均质改性大豆蛋白功能特性研究. 广州: 华南理工大学博士学位论文.

梅新, 木泰华, 陈学玲, 等. 2014. 超微粉碎对甘薯膳食纤维成分及物化特性影响. 中国粮油学报, 29(2): 76-81.

陶颜娟. 2008. 小麦麸皮膳食纤维的改性及研究应用, 无锡: 江南大学硕士学位论文.

涂宗财, 陈丽莉, 王辉, 等. 2014. 发酵与动态高压微射流对豆渣膳食纤维理化特性的影响. 高压物理学报, 28(1): 113-119.

武凤玲. 2014. 苹果膳食纤维的挤压改性及压片成型. 西安: 陕西科技大学硕士学位论文.

吴丽萍, 朱姐. 2013. 化学改性对竹笋膳食纤维结构及理化性能的影响. 食品工业科技, 34(21): 124-126.

张燕燕. 2012. 改性甘薯果胶抑制癌细胞增殖与转移活性研究. 北京: 中国农业科学院硕士学位论文.

郑建仙. 2005. 功能性膳食纤维. 北京: 化学工业出版社.

周海峰. 2014. 磺化木质素的酶法活化改性及生物质酶解发酵技术的强化. 广州: 华南理工大学博士学位论文.

American Association of Cereal Chemists—Dietary Fiber Definition Committee. 2001. The definition of dietary fiber. Cereal Foods World, 46(3): 112-126.

Abdul-Hamid A, Luan Y S. 2000. Functional properties of dietary fibre prepared from defatted rice bran. Food Chemistry, 68(1): 15-19.

Adam C L, Williams P A, Dalby M J, et al. 2014. Different types of soluble fermentable dietary fibre decrease food intake, body weight gain and adiposity in young adult male rats. Nutrition & Metabolism, 11(1): 1-12.

Adiotomre J, Eastwood M A, Edwards C, et al. 1990. Dietary fiber: *in vitro* methods that anticipate nutrition and metabolic activity in humans. The American Journal of Clinical Nutrition, 52(1): 128-134.

Ahmed F, Sairam S, Urooj A. 2011. *In vitro* hypoglycemic effects of selected dietary fiber sources. Journal of Food Science and Technology, 48(3): 285-289.

Ajani U A, Ford E S, Mokdad A H. 2004. Dietary fiber and C-reactive protein: findings from national health and nutrition examination survey data. The Journal of Nutrition, 134(5): 1181-1185.

Al-Bataina B A, Maslat A O, Al-Kofahil M M. 2003. Element analysis and biological studies on ten oriental spices using XRF and Ames test. Jouanal of Trace Elements in Medicine and Biology, 17(2): 85-90.

Allaghadri T, Rasooli I, Owlia P. 2010. Antimicrobial property, antioxidant capacity, and cytotoxicity of essential oil from cumin produced in Iran. Journal of Food Science, 75(2): H54-H61.

Aller R, De Luis D A, Izaola O, et al. 2004. Effect of soluble fiber intake in lipid and glucose leves in healthy subjects: a randomized clinical trial. Diabetes Research and Clinical Practice, 65(1): 7-11.

American Association of Cereal Chemists. 2001. The definition of dietary fiber. Cereal Foods World, 46(3): 112-116.

Amirta R, Tanabe T, Watanabe T, et al. 2006. Methane fermentation of Japanese cedar wood pretreated with a white rot fungus, *Ceriporiopsis subvermispora*. Journal of Biotechnology, 123(1): 71-77.

Anderson J W, Randles K M, Kendall C W, et al. 2004. Carbohydrate and fiber recommendations for individuals with diabetes: a quantitative assessment and meta-analysis of the evidence. Journal of the American College of Nutrition, 23(1): 5-17.

AOAC. 2000. Official Methods of Analysis. Washington: Association of Official Agriculture Chemistry.

Areskogh D, Li J, Nousiainen P, et al. 2010. Oxidative polymerisation of models for phenolic lignin end-groups by laccase. Holzforschung, 64(1): 21-34.

Balny C. 2002. High pressure and protein oligomeric dissociation. High Pressure Research, 22: 737-741.

Banz W J, Iqbal M J, Bollaert M, et al. 2007. Ginseng modifies the diabetic phenotype and genes associated with diabetes in the male ZDF rat. Phytomedicine, 14(10): 681-689.

Barreca A M, Fabbrini M, Galli C, et al. 2003. Laccase/mediated oxidation of a lignin model for improved delignification procedures. Journal of Molecular Catalysis B: Enzymatic, 26(1): 105-110.

Bencini M C. 1986. Functional properties of drum-dried chickpea (*Cicer arietinum* L.) flours. Journal of Food Science, 51(6): 1518-1521.

Blasa M, Angelino D, Gennari L, et al. 2011. The cellular antioxidantactivity in red blood cells (CAA-RBC): a new approach to bioavailability andsynergy of phytochemicals and botanical extracts. Food Chemistry, 125: 685-691.

Bligh E G, Dyer W J. 1959. A rapid method of total lipid extraction and purification. Canadian Journal of Biochemistry and Physiology, 37(8): 911-917.

Borderías A J, Sánchez-Alonso I, Pérez-Mateos M. 2005. New applications of fibres in foods: addition to fishery products. Trends in Food Science & Technology, 16(10): 458-465.

Boskabady M H, Kianai S, Azizi H. 2006. Antitussive effect of *Cuminum cyminum* Linn. in guinea pigs. Natural Product Radiance, 5(4): 266-269.

Bourdon I, Yokoyama W, Davis P, et al. 1999. Postprandial lipid, glucose, insulin and cholecystokinin responses in men fed barley pasta enriched with β-glucan. The American Journal of Clinical Nutrition, 69 (1): 55-63.

Briones-Labarca V, Venegas-Cubillos G, Ortiz-Portilla S, et al. 2011. Effects of high hydrostatic pressure (HHP) on bioaccessibility, as well as antioxidant activity, mineral and starch contents in Granny Smith apple. Food Chemistry, 128 (2): 520-529.

Brockman D A, Chen X, Gallaher D D. 2012. Hydroxypropyl methylcellulose, a viscous soluble fiber, reduces insulin resistance and decreases fatty liver in Zucker diabetic fatty rats. Nutrition & Metabolism, 9 (1): 100.

Brown L, Rosner B, Willett W W, et al. 1999. Cholesterol-lowering effects of dietary fiber: a meta-analysis. The American Journal of Clinical Nutrition, 69 (1): 30-42.

Burke V, Hodgson J M, Beilin L J, et al. 2001. Dietary protein and soluble fiber reduce ambulatory blood pressure in treated hypertensives. Hypertension, 38 (4): 821-826.

Cani P D, Dewever C, Delzenne N M. 2004. Inulin-type fructans modulate gastrointestinal peptides involved in appetite regulation (glucagon-like peptide-1 and ghrelin) in rats. British Journal of Nutrition, 92 (3): 521-526.

Caprez A, Arrigoni E, Amadò R, et al. 1986. Influence of different typesof thermal treatment on the chemical composition and physical properties of wheat bran. Journal of Cereal Science, 4 (3), 233-239.

Carmona-Garcia R, Sanchez-Rivera M M, Méndez-Montealvo G, et al. 2009. Effect of the cross-linked reagent type on some morphological, physicochemical and functional characteristics of banana starch (*Musaparadisiaca*). Carbohydrate Polymers, 76 (1): 117-122.

Cassader M, Gambino R, Musso G, et al. 2001. Postprandial triglyceride-rich lipoprotein metabolism and insulin sensitivity in nonalcoholic steatohepatitis patients. Lipids, 36 (10): 1117-1124.

Castro A, Bergenståhl B, Tornberg E. 2012. Parsnip (*Pastinaca sativa* L.): dietary fibre composition and physicochemical characterization of its homogenized suspensions. Food Research International, 48 (2): 598-608.

Chandalia M, Garg A, Lutjohann D, et al. 2000. Beneficial effects of high dietary fiber intake in patients with type 2 diabetes mellitus. New England Journal of Medicine, 342: 1392-1398.

Chantaro P, Devahastin S, Chiewchan N. 2008. Production of antioxidant high dietary fiber powder from carrot peels. LWT-Food Science and Technology, 41 (10): 1987-1994.

Chau C F, Wang Y T, Wen Y L. 2007. Different micronization methods significantly improve the functionality of carrot insoluble fiber. Food Chemistry, 100 (4): 1402-1408.

Chen J, Gao D, Yang L, et al. 2013. Effect of microfluidization process onthe functional properties of insoluble dietary fiber. Food Research International, 54 (2): 1821-1827.

Chen J, He J, Wildman R P, et al. 2006. A randomized controlled trial of dietary fiber intake on serum lipids. European Journal of Clinical Nutrition, 60 (1) : 62-68.

Chobanian A V, Bakris G L, Black H R, et al. 2003. The seventh report of the joint national committee on prevention, detection, evaluation, and treatment of high blood pressure: the JNC 7 report. Jama, 289 (19) : 2560-2571.

Choi J S, Kim H, Jung M H, et al. 2010. Consumption of barley β-glucan ameliorates fatty liver and insulin resistance in mice fed a high-fat diet. Molecular Nutrition & Food Research, 54 (7) : 1004-1013.

Choi Y S, Choi J H, Han D J, et al. 2010. Optimization of replacing pork back fat with grape seed oil and rice bran fiber for reduced-fat meat emulsion systems. Meat Science, 84 (1) : 212-218.

Cleven R, Van D B C, Van D P L. 1978. Crystal structure of hydrated potato starch. Starch-Stärke, 30 (7) : 223-228.

Cordero-Herrera I, Martín M Á, Escrivá F, et al. 2015. Cocoa-rich diet ameliorates hepatic insulin resistance by modulating insulin signaling and glucose homeostasis in Zucker diabetic fatty rats. The Journal of Nutritional Biochemistry, 26 (7) : 704-712.

Cornfine C, Hasenkopf K, Eisner P, et al. 2010. Influence of chemical and physical modification on the bile acid binding capacity of dietaryfibre from lupins (*Lupinus angustifolius* L.) . Food Chemistry, 122 (3) : 638-644.

Costacou T, Mayer-Davis E J. 2003. Nutrition and prevention of type 2 diabetes. Annual Review of Nutrition, 23 (1) : 147-170.

Daou C, Zhang H. 2014. Functional and physiological properties of total, soluble, and insoluble dietary fibres derived from defatted rice bran. Journal of Food Science and Technology, 51 (12) : 3878-3885.

De Delahaye E P, Jiménez P, Pérez E. 2005. Effect of enrichment with high content dietary fiber stabilized rice bran flour on chemical and functional properties of storage frozen pizzas. Journal of Food Engineering, 68 (1) : 1-7.

De Simas K N, Vieira L D N, Podestá R, et al. 2010. Microstructure, nutrient composition and antioxidant capacity of king palm flour: a new potential source of dietary fibre. Bioresource Technology, 101 (14) : 5701-5707.

Derakhshan S, SattariBigedli M. 2007. P2081 Evaluation of antibacterial activity and biofilm formation in *Klebsiella pneumoniae* in contact with essential oil and alcoholic extract of cumin seed (*Cuminum cyminum*) . European Congress of Clinical Microbiology and Infectious Diseases, 31 (4) : 2081-2087.

Devries J W, Prosky L, Li B, et al. 1999. A historical perspective on defining dietary fiber. Cereal Foods World, 44 (5) : 367-369.

Dhital S, Gidley M G, Warren F J. 2015. Inhibition of α-amylase activity bycellulose: kinetic analysis and nutritional implications. Carbohydrate Polymers, 123: 305-312.

DiPetrillo K, Gesek F A. 2004. Pentoxifylline ameliorates renal tumor necrosis factor expression, sodium retention, and renal hypertrophy in diabetic rats. American Journal of Nephrology, 24(3): 352-359.

Dong X, Zhao M, Shi J, et al. 2011. Effects of combined high-pressure homogenization and enzymatic treatment on extraction yield, hydrolysis and function properties of peanut proteins. Innovative Food Science & Emerging Technologies, 12(4): 478-483.

Dvorak K, Payne C M, Chavarria M. 2007. Bile acids in combination withlow pH induce oxidative stress and oxidative DNA damage: relevance to the pathogenesis of Barrett's oesophagus. Gut, 56(6): 763-771.

Eisenmenger M J, Reyes-De-Corcuera J I. 2009. High pressure enhancement of enzymes: a review. Enzyme and Microbial Technology, 45(5): 331-347.

Elleuch M, Besbes S, Roiseux O. 2008. Date flesh: chemical composition and characteristics of the dietary fibre. Food Chemistry, 111(3): 676-682.

Englyst H N, Quigley M E, Hudson G J. 1994. Determination of dietary fibre as non-starch polysaccharides with gas-liquid chromatographic, high-performance liquid chromatographic or spectrophotometric measurement of constituent sugars. Analyst, 119(7): 1497-1509.

Erukainure O L, Ebuehi O A, Adeboyejo F O, et al. 2013. Fiber-enriched biscuit enhances insulin secretion, modulates β-cell function, improves insulin sensitivity, and attenuates hyperlipidemia in diabetic rats. PharmaNutrition, 1(2): 58-64.

Espinosa-Martos I, Rupérez P. 2009. Indigestible fraction of okara fromsoybean: composition, physicochemical properties and *in vitro* fermentability by pure cultures of *Lactobacillus acidophilus* and *Bifido bacterium* bifidum. European Food Research and Technology, 228(5): 685-693.

Esposito K, Nappo F, Giugliano F, et al. 2003. Meal modulation of circulating interleukin 18 and adiponectin concentrations in healthy subjects and in patients with type 2 diabetes mellitus. The American Journal of Clinical Nutrition, 78(6): 1135-1140.

Faller A L K, Fialho E F N U. 2010. Polyphenol content and antioxidant capacity in organic and conventional plant foods. Journal of Food Compositionand Analysis, 23(6): 561-568.

FAO/WHO. 2005. Improving efficiency and transparency in food safety system-sharing experience: proceeding of the forum. Global Forum on Food Safety Regulators. Rome: FAO/WHO. 124-153.

Fernández-Ginés J M, Fernández-López J, Sayas-Barberá E, et al. 2004. Lemon albedo as a new source of dietary fiber: application to bologna sausages. Meat Science, 67: 7-13.

Fernandez M L. 2001. Soluble fiber and nondigestible carbohydrate effects on plasma lipids and cardiovascular risk. Current Opinion in Lipidology, 12: 35-40.

Fernando F, Maria L H, Ana-Maria E, et al. 2005. Fiberconcentrates from apple pomace and citrus peel as potential fiber sources for food enrichment. Food Chemistry, 91(3): 395-401.

Ferrannini E, Buzzigoli G, Bonadonna R, et al. 1987. Insulin resistance in essential hypertension. New England Journal of Medicine, 317(6): 350-357.

Figuerola F, Hurtado M L, Estévez A M. 2005. Fibre concentrates from apple pomace and citrus peel as potential fibre sources for food enrichment. Food Chemistry, 91(3): 395-401.

Fuentes-Alventosa J M, Rodríguez-Gutiérrez G, Jaramillo-Carmona S, et al. 2009. Effect of extraction method on chemical composition and functional characteristics of high dietary fibre powders obtained from asparagus by-products. Food Chemistry, 113(2): 665-671.

Galisteo M, Sánchez M, Vera R, et al. 2005. A diet supplemented with husks of *Plantago ovata* reduces the development of endothelial dysfunction, hypertension, and obesity by affecting adiponectin and TNF-α in obese Zucker rats. The Journal of Nutrition, 135(10): 2399-2404.

Galisteo M, Morón R, RiveraL, et al. 2010. Plantago ovata husks-supplemented diet ameliorates metabolic alterations in obese Zucker rats through activation of AMP-activated protein kinase. CoMParative study with other dietary fibers. Clinical Nutrition, 29(2): 261-267.

Gao B. 2005. Cytokines, STATs and liver disease. Cell Mol Immunol, 2(2): 92-100.

Garna H, Mabon N, Nott K, et al. 2006. Kinetic of the hydrolysis of pectin galacturonic acid chains and quantification by ionic chromatography. Food Chemistry, 96(3): 477-484.

Gómez-Ordóñez E, Jiménez-Escrig A, Rupérez P. 2010. Dietary fibre and physicochemical properties of several edible seaweeds from the northwestern Spanish coast. Food Research International, 3(9): 2289-2294.

Gourgue C M, Champ M M, Lozano Y, et al. 1992. Dietary fiber from mango byproducts: characterization and hypoglycemic effects determined by *in vitro* methods. Journal of Agricultural and Food Chemistry, 40(10): 1864-1868.

Grigelmo-Miguel N, Carreras-Boladeras E, Martín-Belloso O. 1999a. Development of high-fruit-dietary-fibre muffins. European Food Research and Technology, 210(2): 123-128.

Grigelmo-Miguel N, Gorinstein S, Martín-Belloso O. 1999b. Characterisation of peach dietary fibre concentrate as a food ingredient. Food Chemistry, 65(2): 175-181.

Grundy S M, Hansen B, Smith S C, et al. 2004. Clinical management of metabolic syndrome report of the American Heart Association/National Heart, Lung, and Blood Institute/American Diabetes Association conference on scientific issues related to management. Arteriosclerosis, Thrombosis, and Vascular Biology, 24(2): e19-e24.

Hansen C F, Bueter M, Theis N, et al. 2013. Hypertrophy dependent doubling of L-cells in Roux-en-Y gastric bypass operated rats. PloS One, 8(6): e65696.

Hasnaoui N, Wathelet B, Jiménez-Araujo A. 2014. Valorization of pomegranate peel from 12 cultivars: dietary fibre composition, antioxidant capacity and functional properties. Food Chemistry, 160: 196-203.

He J, Streiffer R H, Muntner P, et al. 2004. Effect of dietary fiber intake on blood pressure: a randomized, double-blind, placebo-controlled trial. Journal of Hypertension, 22(1): 73-80.

Holt E M, Steffen L M, MoranA, et al. 2009. Fruit and vegetable consumption and its relation to markers of inflammation and oxidative stress in adolescents. Journal of the American Dietetic Association, 109(3): 414-421.

Howarth N C, Saltzman E, Roberts S B. 2001. Dietary fiber and weight regulation. Nutrition Reviews, 59: 129-139.

Hsu P K, Chien P J, Chen C H, et al. 2006. Carrot insoluble fiber-rich fraction lowers lipid and cholesterol absorption in hamsters. LWT-Food Science and Technology, 39(4): 338-343.

Hu F B, Manson J E, Stampfer M J, et al. 2001. Diet, lifestyle, and the risk of type 2 diabetes mellitus in women. New England Journal of Medicine, 345(11): 790-797.

Ibrahim V, Mendoza L, Mamo G, et al. 2011. Blue laccase from *Galerina* sp.: properties and potential for Kraft lignin demethylation. Process Biochemistry, 46(1): 379-384.

Ibrügger S, Kristensen M, Mikkelsen M S, et al. 2012. Flaxseed dietary fiber supplements for suppression of appetite and food intake. Appetite, 58(2): 490-495.

Isken F, Klaus S, Osterhoff M, et al. 2010. Effects of long-term soluble vs. insoluble dietary fiber intake on high-fat diet-induced obesity in C57BL/6J mice. The Journal of Nutritional Biochemistry, 21(4): 278-284.

Itoh H, Wada M, HondaY, et al. 2003. Bioorganosolve pretreatments for simultaneous saccharification and fermentation of beech wood by ethanolysis and white rot fungi. Journal of Biotechnology, 103(3): 273-280.

Jafari S M, He Y, Bhandari B. 2007. Production of sub-micron emulsions by ultrasound and microfluidization techniques. Journal of Food Engineering, 82(4): 478-488.

Jenkins D J, Kendall C W, Vuksan V, et al. 2002. Soluble fiber intake at a dose approved by the US Food and Drug Administration for a claim of health benefits: serum lipid risk factors for cardiovascular disease assessed in a randomized controlled crossover trial. The American Journal of Clinical Nutrition, 75(5): 834-839.

Jing Y, Chi Y J. 2013. Effects of twin-screw extrusion on soluble dietary fibre and physicochemical properties of soybean residue. Food Chemistry, 138(2): 884-889.

Jirovetz L, Buchbauer G, Stoyanova A S, et al. 2005. Composition, quality control and antimicrobial activity of the essential oil of cumin (*Cuminum cyminum* L.) seeds from Bulgaria that had been stored for up to 36 years. International Journal of Food Science and Technology, 40(3): 305-310.

Johansson L, Virkki L, Maunu S, et al. 2000. Structural characterization of water soluble β-glucan of oat bran. Carbohydrate Polymers, 42(2): 143-148.

Kaczmarczyk M M, Miller M J, Freund G G. 2012. The health benefits of dietary fiber: beyond the usual suspects of type 2 diabetes mellitus, cardiovascular disease and colon cancer. Metabolism, 61(8): 1058-1066.

Kahlon T S, Chapman M H, Smith G E. 2007. *In vitro* binding of bile acids by spinach, kale, brussels sprouts, broccoli, mustard greens, green bell pepper, cabbage and collards. Food Chemistry, 100(4): 1531-1536.

Karagiozoglou-Lampoudi T, Daskalou E, Agakidis C. 2012. Personalized diet management can optimize compliance to a high-fiber, high-water diet in children with refractory functional constipation. Journal of the Academy of Nutrition and Dietetics, 112(5): 725-729.

Kim D, Han G D. 2012. High hydrostatic pressure treatment combined with enzymes increases the extractability and bioactivity of fermented rice bran. Innovative Food Science & Emerging Technologies, 16: 191-197.

Kim K M, Lee K S, Lee G Y, et al. 2015. Anti-diabetic efficacy of KICG1338, a novel glycogen synthase kinase-3β inhibitor, and its molecular characterization in animal models of type 2 diabetes and insulin resistance. Molecular and Cellular Endocrinology, 409: 1-10.

King D E, Mainous A G, Egan B M, et al. 2005. Fiber and C-reactive protein in diabetes, hypertension, and obesity. Diabetes Care, 28(6): 1487-1489.

Kosmala M, Kołodziejczyk K, Zduńczyk Z, et al. 2011. Chemical composition of natural and polyphenol-free apple pomace and the effect of this dietary ingredient on intestinal fermentation and serum lipid parameters in rats. Journal of Agricultural and Food Chemistry, 59(17): 9177-9185.

Lahaye M. 1991. Marine algae as sources of fibres: determination of soluble and insoluble dietary fibre contents in some 'sea vegetables'. Journal of the Science of Food and Agriculture, 54(4): 587-594.

Lan G, Chen H, Chen S, et al. 2012. Chemical composition and physicochemical properties of dietary fiber from *Polygonatum odoratum* as affected by different processing methods. Food research international, 49(1): 406-410.

Larrauri J A, Ruperez P, Borroto B. 1999. New approaches in the preparation of high dietary fibre powders from fruit by-products. Trends in Food Science & Technology, 10(1): 3-8.

Le Goff A, Renard C M G C, Bonnin E, et al. 2001. Extraction, purification and chemical characterisation of xylogalacturonans from pea hulls. Carbohydrate Polymers, 45(4): 325-334.

Lecumberri E, Mateos R, Izquierdo-Pulido M, et al. 2007. Dietary fiber composition, antioxidant capacity and physico-chemical properties of a fibre-rich product from cocoa (*Theobroma cacao* L.). Food Chemistry, 104: 948-954.

Lee M J, Fried S K. 2006. Multilevel regulation of leptin storage, turnover, and secretion by feeding and insulin in rat adipose tissue. Journal of Lipid Research, 47(9): 1984-1993.

Li C, Ding Q, Nie S P, et al. 2014. Carrot juice fermented with *Lactobacillus plantarum* NCU116 ameliorates type 2 diabetes in rats. Journal of Agricultural and Food Chemistry, 62(49): 11884-11891.

Li H, Groop L, Nilsson A, et al. 2003. A combination of human leukocyte antigen DQB1*02 and the tumor necrosis factor α promoter G308A polymorphism predisposes to an insulin-deficient phenotype in patients with type 2 diabetes. The Journal of Clinical Endocrinology & Metabolism, 88(6): 2767-2774.

Li J, Wang J, Kaneko T, et al. 2004. Effects of fiber intake on the blood pressure, lipids, and heart rate in Goto Kakizaki rats. Nutrition, 20(11): 1003-1007.

Li R, Jiang Z T. 2004. Chemical composition of the essential oil of *Cuminum cyminum* L. from China. Flavour and Fragrance Journal, 19(4): 311-313.

Li T, Li S, Dong Y, et al. 2014. Antioxidant activity of penta-oligogalacturonide, isolated from haw pectin, suppresses triglyceride synthesis in mice fed with a high-fat diet. Food Chemistry, 145: 335-341.

Liljeberg H, Björck I. 2000. Effects of a low-glycaemic index spaghetti meal on glucose tolerance and lipaemia at a subsequent meal in healthy subjects. European Journal of Clinical Nutrition, 54(1): 24-28.

Lin H V, Frassetto A, Kowalik Jr E J, et al. 2012. Butyrate and propionate protect against diet-induced obesity and regulate gut hormones via free fatty acid receptor 3-independent mechanisms. Plos One, 7(4): e35240.

Lindström J, Peltonen M, Eriksson J G, et al. 2006. High-fibre, low-fat diet predicts long-term weight loss and decreased type 2 diabetes risk: the Finnish diabetes prevention study. Diabetologia, 49(5): 912-920.

Liu X, Wu Y, Li F, et al. 2015. Dietary fiber intake reduces risk of inflammatory bowel disease: result from a meta-analysis. Nutrition Research, 35(9): 753-758.

López G, Ros G, Rincón F. 1996. Relationship between physical and hydration properties of soluble and insoluble fiber of artichoke. Journal of Agricultural and Food Chemistry, 44(9): 2773-2778.

López-Vargas J H, Fernández-López J, Pérez-Álvarez J A, et al. 2013. Chemical, physico-chemical, technological, antibacterial and antioxidant properties of dietary fiber powder obtained from yellow passion fruit (*Passiflora edulis* var. *flavicarpa*) co-products. Food Research International, 51(2): 756-763.

Mandimika T, Paturi G, De Guzman C E, et al. 2012. Effects of dietary broccoli fibre and corn oil on serum lipids, faecal bile acid excretion and hepatic gene expression in rats. Food Chemistry,

131(4): 1272-1278.

Manrique G D, Lajolo F M. 2002. FT-IR spectroscopy as a tool for measuringdegree of methyl esterification in pectins isolated from ripening papaya fruit. Postharvest Biology and Technology, 25: 99-107.

Mateos-Aparicio I, Mateos-Peinado C, Rupérez P. 2010. High hydrostatic pressure improves the functionality of dietary fibre in okara by-product from soybean. Innovative Food Science & Emerging Technologies, 11(3): 445-450.

Maxwell E G, Colquhoun I J, Chau H K, et al. 2016. Modified sugar beet pectin induces apoptosis of colon cancer cells via an interaction with the neutral sugar side-chains. Carbohydrate Polymers, 136: 923-929.

McCleary B V, Devries J, Rader J, et al. 2010. Determination of total dietary fiber (CODEX definition) by enzymatic-gravimetric method and liquid chromatography: collaborative study. Journal of AOAC International, 93(1): 221-233.

Meyer A S, Dam B P, Lærke H N. 2009. Enzymatic solubilization of a pectinaceous dietary fiber fraction from potato pulp: optimization of the fiber extraction process. Biochemical Engineering Journal, 43(1): 106-112.

Mihailović M, Arambašica J, Uskokovica A, et al. 2013. β-Glucan administration to diabetic rats alleviates oxidative stress by lowering hyperglycaemia, decreasing non-enzymatic glycation and protein O-GlcNAcylation. Journal of Functional Foods, 5(3): 1226-1234.

Mohammed A, Koorbanally N A, Islam M S. 2015. Ethyl acetate fraction of *Aframomum melegueta* fruit ameliorates pancreatic β-cell dysfunction and major diabetes-related parameters in a type 2 diabetes model of rats. Journal of Ethnopharmacology, 175: 518-527.

Moilanen U, Kellock M, Galkin S, et al. 2011. The laccase-catalyzed modification of lignin for enzymatic hydrolysis. Enzyme and Microbial Technology, 49(6): 492-498.

Mondor M, Askay S, Drolet H, et al. 2009. Influence of processing on composition and antinutritional factors of chickpea protein concentrates produced by isoelectric precipitation and ultrafiltration. Innovative Food Science & Emerging Technology, 10: 342-347.

Naghshineh M, Olsen K, Georgiou C A. 2013. Sustainable production of pectin from lime peel by high hydrostatic pressure treatment. Food Chemistry, 136(2): 472-478.

Nalini N, Sabitha K, Viswanatahn P. 1998. Influence of spices on the bacterial (enzyme) activity in experimental colon cancer. Journal of Ethnopharmocology, 62(1): 15-24.

Nandi I, Ghosh M. 2015. Studies on functional and antioxidant property of dietary fibre extracted from defatted sesame husk, rice bran and flaxseed. Bioactive Carbohydrates and Dietary Fibre, 5(2): 129-136.

Nandini C D, Salimath P V. 2011. Structural features of arabinoxylans from sorghum having good *roti*-making quality. Food Chemistry, 74(4): 417-422.

Navarro J J, Milena F F, Mora C, et al. 2005. Tumor necrosis factor-α gene expression in diabetic nephropathy: relationship with urinary albumin excretion and effect of angiotensin-converting enzyme inhibition. Kidney International, 68: S98-S102.

Navarro-González I, García-Valverde V, García-AlonsoJ, et al. 2011. Chemical profile, functional and antioxidant properties of tomato peel fiber. Food Research International, 44(5): 1528-1535.

Nawirska A, Kwaśniewska M. 2005. Dietary fibre fractions from fruit and vegetable processing waste. Food Chemistry, 91(2): 221-225.

Neter J E, Stam B E, Kok F J, et al. 2003. Influence of weight reduction on blood pressure a meta-analysis of randomized controlled trials. Hypertension, 42(5): 878-884.

Nishimura M, Obayashi H, Mizuta I, et al. 2003. TNF, TNF receptor type 1, and allograft inflammatory factor-1 gene polymorphisms in Japanese patients with type 1 diabetes. Human Immunology, 64(2): 302-309.

Nyman M. 2002. Fermentation and bulking capacity of indigestible carbohydrates: the case of inulin and oligofructose. British Journal of Nutrition, 2(16): 3-8.

Obata K, Ikeda K, Yamasaki M, et al. 1998. Dietary fiber, psyllium, attenuates salt-accelerated hypertension in stroke-prone spontaneously hypertensive rats. Journal of Hypertension, 16(12): 1959-1964.

Oechslin R, Lutz M V, Amadò R. 2003. Pectic substances isolated from apple cellulosic residue: structural characterisation of a new type of rhamnogalacturonan Ⅰ. Carbohydrate Polymers, 51(3): 301-310.

Olson A, Gray G M, Chiu M. 1987. Chemistry and analysis of soluble dietary fiber. Food Technology, 41(2): 71-80.

Park K H, Lee K Y, Lee H G. 2013. Chemical composition and physicochemical properties of barley dietary fiber by chemical modification. International Journal of Biological Macromolecules, 60: 360-365.

Park K S, Ciaraldi T P, Lindgren K, et al. 1998. Troglitazone effects on gene expression in human skeletal muscle of type Ⅱ diabetes involve up-regulation of peroxisome proliferator-activated receptor-γ. The Journal of Clinical Endocrinology and Metabolism, 83(8): 2830-2835.

Patz J, Jacobsohn W Z, Gottschalk-Sabag S, et al. 1996. Treatment of refractory distal ulcerative colitis with short chain fatty acid enemas. American Journal of Gastroenterology, 91(4): 731-734.

Peerajit P, Chiewchan N, Devahastin S. 2012. Effects of pretreatment methods on health-related functional properties of high dietary fibre powder from lime residues. Food Chemistry, 132(4): 1891-1898.

Pereira M A, Ludwig D S. 2001. Dietary fiber and body weight regulation, observation and mechanisms. Pediatric Clinics of North America, 48: 969-980.

Pérez C D, De'Nobili M D, Rizzo S A, et al. 2013. High methoxyl pectin-methyl cellulose films with antioxidant activity at a functional food interface. Journal of Food Engineering, 116(1): 162-169.

Pérez-López E, Mateos-Aparicio I, Rupérez P. 2016. Okara treated with high hydrostatic pressure assisted by *Ultraflo® L*: effect on solubility of dietary fibre. Innovative Food Science & Emerging Technologies, 33: 32-37.

Prentice R L. 2000. Future possibilities in the prevention of breast cancer: fat and fiber and breast cancer research. Breast Cancer Research, 2(4): 268-276.

Prosky L, Asp N G, Schweizer T F. 1987. Determination of insoluble, soluble, and total dietary fiber in foods and food products: interlaboratory study. Journal-Association of Official Analytical Chemists, 71(5): 1017-1023.

Qi J, Li Y, Masamba K G, et al. 2016. The effect of chemical treatment on the *In vitro* hypoglycemic properties of rice bran insoluble dietary fiber. Food Hydrocolloids, 52: 699-706.

Qi L, Rimm E, Liu S, et al. 2005. Dietary glycemic index, glycemic load, cereal fiber, and plasma adiponectin concentration in diabetic men. Diabetes Care, 28(5): 1022-1028.

Qi L, Van Dam R M, Liu S, et al. 2006. Whole-grain, bran, and cereal fiber intakes and markers of systemic inflammation in diabetic women. Diabetes Care, 29(2): 207-211.

Quan W J, Guo W J, Lin J, et al. 2007. The effect of high-speed emulsification pretreatment on the acidic protease catalyzed hydrolysis of corn gluten meal. Food Science and Fermentation Industries, 35(8): 35-38.

Raghavarao K, Raghavendra S N, Rastogi N K. 2008. Potential of coconut dietary fiber. Indian Coconut Journal, 6: 2-7.

Rasmussen S K, Urhammer S A, Jensen J N, et al. 2000. The -238 and -308 G→A polymorphisms of the tumor necrosis factor α gene promotor are not associated with features of the insulin resistance syndrome or altered birth weight in danish caucasians. The Journal of Clinical Endocrinology & Metabolism, 85(4): 1731-1734.

Rechkemmer G. 2007. Nutritional aspects//Deutsche Forschungsgemeinschaft (DFG). Thermal Processing of Food: Potentialhealth Benefits and Risks. Weinheim, Germany: Wiley-VCH Verlag.

Redondo-Cuenca A, Villanueva-Suárez M J, Rodríguez-Sevilla M D, et al. 2006. Chemical composition and dietary fibre of yellow and green commercial soybeans (Glycine max). Food Chemistry, 101: 1216-1222.

Reimer R A, Grover G J, Koetzner L, et al. 2011. The soluble fiber complex PolyGlycopleX lowers serum triglycerides and reduces hepatic steatosis in high-sucrosefed rats. Nutrtion Research, 31(4): 296-301.

Rigaud D, Ryttig K R, Angel L A, et al. 1990. Overweight treated with energy restriction and a dietary fibre supplement: a 6-month randomized, double-blind, placebo-controlled trial. International Journal of Obesity, 14(9): 763-769.

Robic A, Rondeau-Mouro C, Sassi J F, et al. 2009. Structureand interactions of ulvan in the cell wall of the marine green algae *Ulva rotundata* (Ulvales, Chlorophyceae). Carbohydrate Polymers, 77(2): 206-216.

Sakagami H, Hashimoto K, Suzuki F, et al. 2005. Molecular requirements of lignin-carbohydrate complexes for expression of unique biological activities. Phytochemistry, 66(17): 2108-2120.

Sako Y, Grill V E. 1990. A 48-hour lipid infusion in the rat time-dependently inhibits glucose-induced insulin secretion and B cell oxidation through a process likely coupled to fatty acid oxidation. Endocrinology, 127(4): 1580-1589.

Sánchez-Alonso I, Jiménez-Escrig A, Saura-Calixto F, et al. 2007. Effect of grape antioxidant dietary fibre on the prevention of lipid oxidation in minced fish: evaluation by different methodologies. Food Chemistry, 101(1): 372-378.

Sangnark A, Noomhorm A. 2003. Effect of particle sizes on functional properties of dietary fibre prepared from sugarcane bagasse. Food Chemistry, 80(2): 221-229.

Santala O, Kiran A, Sozer N, et al. 2014. Enzymatic modification and particle size reduction of wheat bran improves themechanical properties and structure of bran-enriched expanded extrudates. Journal of Cereal Science, 60(2): 448-456.

Sanyal A J, Campbell-Sargent C, Mirshahi F, et al. 2001. Nonalcoholic steatohepatitis: association of insulin resistance and mitochondrial abnormalities. Gastroenterology, 120(5): 1183-1192.

Segain J P, Raingeard de la Bletiere D, Bourreille A, et al. 2000. Butyrate inhibits inflammatory responses through NFkappaB inhibition: implications for Crohn's disease. Gut, 47: 397-403.

Sembries S, Dongowski G, Mehrländer K, et al. 2004. Dietary fiber-rich colloids from apple pomace extraction juices do not affect food intake and blood serum lipid levels, but enhance fecal excretion of steroids in rats. The Journal of Nutritional Biochemistry, 15(5): 296-302.

Sewalt V J H, Glasser W G, Beauchemin K A. 1997. Lignin impact on fiber degradation. 3. Reversal of inhibition of enzymatic hydrolysis by chemical modification of lignin and by additives. Journal of Agriculture and Food Chemistry, 45(5): 1823-1828.

Simpson R, Morris G A. 2014. The anti-diabetic potential of polysaccharides extracted from members of the cucurbit family: a review. Bioactive Carbohydrates and Dietary Fibre, 3(2): 106-114.

Sivam A S, Sun-Waterhouse D, Perera C O, et al. 2013. Application of FT-IR and Raman spectroscopy for the study of biopolymers inbreads fortified with fibre and polyphenols. Food Research International, 50(2): 574-585.

Slavin J L. 2005. Dietary fiber and body weight. Nutrition, 21(3): 411-418.

Solum T T, Ryttig K R, Solum E, et al. 1986. The influence of a high-fibre diet on body weight, serum lipids and blood pressure in slightly overweight persons. A randomized, double-blind, placebo-controlled investigation with diet and fibre tablets (DumoVital). International Journal of Obesity, 11: 67-71.

Song Y J, Sawamura M, Ikeda K, et al. 2000. Soluble dietary fibre improves insulin sensitivity by increasing muscle glut-4 content in stroke-prone spontaneously hypertensive rats. Clinical and Experimental Pharmacology and Physiology, 27(1-2): 41-45.

Sowbhagya H B. 2011. Chemistry, technology, and nutraceutical functions of cumin (Cuminum cyminum L.): an overview. Critical Reviews in Food Science and Nutrition, 53(1): 1-10.

Sowbhagya H B, Suma P F, Mahadevamma S, et al. 2007. Spent residue from cumin-a potential source of dietary fiber. Food Chemistry, 104(3): 1220-1225.

Srivastava K C. 1989. Extracts from two frequently consumed spices-Cumin (Cuminum cyminum) and turmeric (Curcuma longa)-inhibit platelet aggregation and alter eicosanoid biosynthesis in human blood platelets. Prostaglandins Leukot Essen Fatty Acids, 37(1): 57-64.

St A T. 2009. Effects of Vernonia amygdalina on biochemical and hematological parameters in diabetic rats. Asian Journal of Medical Sciences, 1(3): 108-113.

Staffolo M D, Bertola N, Martino M, et al. 2004. Influence of dietary fiber addition on sensory and rheological properties of yogurt. International Dairy Journal, 14(3): 263-268.

Sun C, Gunasekaran S, Richards M P. 2007. Effect of xanthan gum on physicochemical properties of whey protein isolate stabilized oil-in-water emulsions. Food Hydrocolloids, 21: 555-564.

Sun R, Lawther J M, Banks W B. 1996. Fractional and structural characterization of wheat straw hemicelluloses. Carbohydrate Polymers, 29(4): 325-331.

Sun R C, Tomkinson J, Bolton J. 1999. Effects of precipitation pH on the physico-chemical properties of the lignins isolated from the black liquor of oil palm empty fruit bunch fibre pulping. Polymer Degradation and Stability, 63(2): 195-200.

Suter P M. 2005. Carbohydrates and dietary fiber//Eckardstein A. Atherosclerosis: Diet and Drugs. Berlin Heidelberg: Springer, 231-261.

Takamine K, Abe J, Iwaya A, et al. 2000. A new manufacturing process for dietary fibre from sweet potato residueand its physical characteristics. Journal of Applied Glycoscience, 47: 67-72.

Tao Y J. 2008. Study on the modification and application of wheat bran dietary fiber. Jiangnan University, master dissertation.

Thippeswamy N B, Naidu K A. 2005. Antioxidant potency of cumin varieties-cumin, black cumin and bitter cumin-on antioxidant systems. European Food Research and Technology, 220(5-6): 472-476.

The ACCORD Study Group. 2010. Effects of combination lipid therapy in type 2 diabetes mellitus.

The New England Journal of Medicine, 362(17): 1563.

Thomassen L V, Vigsnæs L K, Licht T R, et al. 2011. Maximal release of highly bifidogenic soluble dietary fibres from industrial potato pulp by minimal enzymatic treatment. Appl Microbiol Biotechnol, 90 (3): 873-884.

Toivonen R K, Emani R, Munukka E, et al. 2014. Fermentable fibres condition colon microbiota and promote diabetogenesis in NOD mice. Diabetologia, 57(10): 2183-2192.

Tolhurst G, Heffron H, Lam Y S, et al. 2012. Short-chain fatty acids stimulate glucagon-like peptide-1 secretion via the G-protein-coupled receptor FFAR2. Diabetes, 61(2): 364-371.

Tosh S M, Yada S. 2010. Dietary fibres in pulse seeds and fractions: characterization, functional attributes, and applications. Food Research International, 43(2): 450-460.

Trumbo P, Schlicker S, Yates A A, et al. 2002. Dietary reference intakes for energy, carbohydrate, fiber, fat, fatty acids, cholesterol, protein and amino acids. Journal of the American Dietetic Association, 102(11): 1621-1630.

Turnbaugh P J, Ley R E, Mahowald M A, et al. 2006. An obesity-associated gut microbiome with increased capacity for energy harvest. Nature, 444 (7122): 1027-1031.

Ubando-Rivera J, Navarro-Ocaña A, Valdivia-López M A. 2005. Mexican lime peel: comparative study on contents of dietary fibre and associated antioxidant activity. Food Chemistry, 89(1): 57-61.

Ulbrich M, Flöter E. 2014. Impact of high pressure homogenization modification of a cellulose based fiber product on water binding properties. Food Hydrocolloids, 41: 281-289.

Unger R H. 1995. Lipotoxicity in the pathogenesis of obesity-dependent NIDDM: genetic and clinical implications. Diabetes, 44(8): 863-870.

Unger R H, Zhou Y T. 2001. Lipotoxicity of beta-cells in obesity and in other causes of fatty acid spillover. Diabetes, 50(suppl 1): S118-S121.

Uskoković A, Mihailović M, Dinić S, et al. 2013. Administration of a β-glucan-enriched extract activates beneficial hepatic antioxidant and anti-inflammatory mechanisms in streptozotocin-induced diabetic rats. Journal of Functional Foods, 5(4): 1966-1974.

Van Schmus W R, Wood J A. 1967. A chemical-petrologic classification for the chondritic meteorites. Geochimica et Cosmochimica Acta, 31(5): 747-765.

Verbrugghe A, Hesta M, Daminet S, et al. 2012. Propionate absorbed from the colon acts as gluconeogenic substrate in a strict carnivore, the domestic cat (*Felis catus*). Journal of Animal Physiology and Animal Nutrition, 96(6): 1054-1064.

Vergara-Valencia N, Granados-Pérez E, Agama-Acevedo E, et al. 2007. Fibre concentrate from mango fruit: characterization, associated antioxidant capacity and application as a bakery product ingredient. LWT-Food Science and Technology, 40(4): 722-729.

Vidal S, Doco T, Williams P, et al. 2000. Structural characterization of the pectic polysaccharide rhamnogalacturonan Ⅱ: evidence for the backbone location of the aceric acid-containing oligoglycosyl side chain. Carbohydrate Research, 326(4): 277-294.

Viuda-Martos M, Mohamady M A, Fernández-López J, et al. 2011. *In vitro* antioxidant and antibacterial activities of essentials oils obtained from Egyptian aromatic plants. Food Control, 22(11): 1715-1722.

Viuda-Martos M, Ruiz-Navajas Y, Fernández-López J, et al. 2008. Antibacterial activity of different essential oils obtained from spices widely used in Mediterranean diet. International Journal of Food Science and Technology, 43(3): 526-531.

Von Soest P J, Wine R H. 1967. Use of detergents in the analysis of fibrous feed. Ⅳ. Determination of plant cell-wall constituents. Journal Association of Analytical Chemistry, 50: 50-55.

Weickert M O, Mohlig M, Koebnick C, et al. 2005. Impact of cereal fibre on glucose-regulating factors. Diabetologia, 48(11): 2343-2353.

Weitkunat K, Schumann S, Petzke K J, et al. 2015. Effects of dietary inulin on bacterial growth, short-chain fatty acid production and hepatic lipid metabolism in gnotobiotic mice. The Journal of Nutritional Biochemistry, 26(9): 929-937.

Wennberg M, Nyman M. 2004. On the possibility of using high pressure treatment to modify physico-chemical properties of dietary fibre in whitecabbage (*Brassica oleracea* var. *capitata*). Innovative Food Science and Emerging Technologies, 5(2): 171-177.

Wuttipalakorn P, Srichumpuang W, Chiewchan N. 2009. Effects of pretreatment and drying on composition and bitterness of high-dietary-fiber powder from lime residues. Drying Technology, 27(1): 133-142.

Yalegama L L W C, Karunaratne D N, Sivakanesan R, et al. 2013. Chemical and functional properties of fibre concentrates obtained from by-products of coconut kernel. Food Chemistry, 141(1): 124-130.

Yan X, Ye R, Chen Y. 2015. Blasting extrusion processing: the increase of soluble dietary fiber content and extraction of soluble-fiber polysaccharides from wheat bran. Food Chemistry, 180: 106-115.

Zaman U, Abbasi A. 2009. Isolation, purification and characterization of a nonspecific lipid transfer protein from *Cuminum cyminum*. Phytochemistry, 70(8): 979-987.

Zambell K L, Fitch M D, Fleming S E. 2003. Acetate and butyrate are the major substrates for de novo lipogenesis in rat colonic epithelial cells. The Journal of Nutrition, 133(11): 3509-3515.

Zapolska-Downar D, Siennicka A, Kaczmarczyk M, et al. 2004. Butyrate inhibits cytokine-induced VCAM-1 and ICAM-1 expression in cultured endothelial cells: the role of NF-κB and PPARα. The Journal of Nutritional Biochemistry, 15(4): 220-228.

Zargary A. 2001. Medicinal Plants. 5th ed. Tehran: Tehran University Publications.

Zhao X, Chen J, Chen F, et al. 2013. Surface characterization of corn stalk superfine powder studied by FTIR and XRD. Colloids and Surfaces B: Biointerfaces, 104: 207-212.

Zhou J, Martin R J, Tulley R T, et al. 2008. Dietary resistant starch upregulates total GLP-1 and PYY in a sustained day-long manner through fermentation in rodents. American Journal of Physiology-Endocrinology and Metabolism, 295(5): E1160-E1166.

Zhu F, Du B, Xu B. 2015. Superfine grinding improves functional properties and antioxidant capacities of bran dietary fibre from Qingke (hull-less barley) grown in Qinghai-Tibet Plateau, China. Journal of Cereal Science, 65: 43-47.

第3章 孜然蛋白

　　蛋白质是人体的必需营养成分之一，人们常从动物资源中获得它。然而，由于动物蛋白食品的生产成本较高，而植物蛋白同动物蛋白相比，具有可比拟的低成本及良好的健康特性和功能特性，因而，植物蛋白可以替代昂贵的动物蛋白，并已经成为很多国家膳食蛋白质的主要来源。近年来，随着蛋白质消耗量及蛋白质短缺现象日益增加，针对非传统植物蛋白的研究也在逐渐增多，新型植物蛋白日益受到消费者的广泛关注。提取孜然油树脂和孜然精油后的残渣不仅含有大量的膳食纤维，还含有近 30% 的蛋白质。已有研究表明，孜然蛋白具有丰富的必需氨基酸，因此脱脂孜然将是一种极具潜力的植物蛋白资源。为此，本章将从植物蛋白提取方法，孜然蛋白研究进展，孜然蛋白提取工艺、结构及其物化功能特性，孜然蛋白的应用等方面进行论述，以期为孜然蛋白及其多肽产品的开发利用提供理论依据和参考。

3.1　植物蛋白提取方法及其对蛋白质物化功能特性的影响

3.1.1　植物蛋白的提取方法

　　蛋白质是人类和其他动物的主要营养资源。对于许多重要的农作物，如小麦、玉米和大豆，它们种子中的蛋白质不仅作为营养因子，也是食品的关键物质（王文军和景新明，2005）。一般来讲，植物蛋白包含多种类型的蛋白质，大部分可以作为贮藏蛋白并为植物种子早期萌发提供氮源。Osborne（1924）根据蛋白质在不同溶剂中的溶解性将植物蛋白质分为四类：①水溶性蛋白质，如白蛋白（albumin），溶于水或稀的中性缓冲溶液，遇热凝结；②盐溶性蛋白质，如球蛋白（globulin），不溶于水，溶于盐溶液，遇热不易凝固；③碱溶性蛋白质，如谷蛋白（glutelin），不溶于水，溶于稀的碱或酸溶液；④醇溶性蛋白质，如醇溶蛋白（prolamin），溶于 70%~90% 的乙醇，不溶于纯水。Osborne 方法是有效划分植物蛋白的方法，并广泛用于植物中多种蛋白组分的提取和分析（Gazzola et al.，2014）。采用一种溶剂不能将物质中的蛋白质完全提取出来，只有在重复操作 5 次以上才有可能提取完全，但是蛋白质提取过程不可能无休止地进行。研究发现，溶液与物料提取比例达400：1时，重复2次几乎可以将溶解到溶剂中所有的可溶性蛋白提取出来。然而，蛋白质提取试验及蛋白质的实际生产过程常采用溶液与物料提取比例为 30：1～10：1，重复操作 2～3 次分离提取蛋白质(Du et al.，2012；Siow and Gan，2014；Yuliana et al.，2014)。

Osborne 方法提取蛋白组分常采用的溶剂有蒸馏水、氯化钠溶液、乙醇溶液、氢氧化钠溶液和/或乙酸溶液，在具体提取植物蛋白的过程中，提取剂浓度常根据植物种子的特性及蛋白质组成而有所变化(表 3.1)。四种蛋白质在植物中的比例、结构与功能特性也因植物品种不同而存在很大的差异(Adebowale et al.，2007)。例如，碱溶性及醇溶性蛋白质通常存在于禾谷类植物种子中，而在双子叶植物种子中较少出现(王文军和景新明，2005)。Du 等研究发现，三叶木通种子中白蛋白、谷蛋白是主要的组成蛋白，而球蛋白和醇溶蛋白的比例很少。三叶木通分离蛋白与其白蛋白、谷蛋白和球蛋白的氨基酸组成类似，然而，三叶木通分离蛋白中巯基含量相对较高，谷蛋白中二硫键含量最高，白蛋白的溶解度最高、疏水活性最大，在 pH 4.0～9.0 时白蛋白的乳化活性最高(Du et al.，2012)。Malomo 等利用0.5mol/L 氯化钠溶液提取大麻种子的蛋白质，然后通过透析获得水溶性白蛋白和盐溶性球蛋白。球蛋白含有更多的含硫氨基酸、疏水氨基酸和芳香族氨基酸；白蛋白含有少量的二硫键，具有更加开放的结构，并外露出更多的酪氨酸残基；在广泛 pH 范围内，白蛋白的溶解度、起泡性均优于球蛋白，但球蛋白泡沫稳定性却优于白蛋白，这可能与球蛋白具有更高含量的疏水氨基酸及致密的结构有关。虽然球蛋白的溶解度低，但是球蛋白乳化活性和乳化稳定性同白蛋白类似，这与蛋白质的溶解性不成正比，也许与起泡性和乳化性的形成机制不同有关(Malomo and Aluko，2015)。Yang 等通过 0.2mol/L 氯化钠溶液提取、离心、超滤及透析等方式提取加拿大油菜中的水溶性蛋白和盐溶性蛋白，两种提取方式所得蛋白质的分子质量和氨基酸组成均不同，因而导致两种蛋白质热稳定性和成胶性差异显著(Yang et al.，2014)。

表 3.1 不同来源植物中可溶性蛋白的组成比例

物种	各类蛋白质占提取出总蛋白质的比例/%				参考文献
	白蛋白	球蛋白	谷蛋白	醇溶蛋白	
玉米(IND260)	14	0	31	48	刘敬科等(2014)
水稻	5	10	80	5	王文军和景新明(2005)
高粱	6	10	38	46	王文军和景新明(2005)
西葫芦	微量	92	少量	微量	王文军和景新明(2005)

物种	各类蛋白质占提取出总蛋白质的比例/%				参考文献
	白蛋白	球蛋白	谷蛋白	醇溶蛋白	
谷子	8.25	28.4	33.7	29.6	刘敬科等(2014)
大豆	75	206	21.5	微量	Branda 和 Asim(1981)
葡萄籽	75.14	10.6	4.31	微量	Gazzola 等(2014)
三叶木通种子	51.65	1.72	46.4	0.23	Du 等(2012)
油麻藤豆	63.5～69.4	18.7～24.3	0.12～0.25	6.2～15.4	Adebowale 等(2007)
番茄籽	23.5	61.0	8.62	7.06	Wani 等(2015)
豇豆	71.4	11.1	2.2	11.0	Ragab 等(2004)
豌豆	40	60	0	0	王文军和景新明(2005)
商业豌豆分离蛋白	7.01	2.47	1.52	87.47	Adebiyi 和 Aluko(2011)

3.1.2 提取方法对蛋白质物化功能特性的影响

将植物蛋白广泛应用于食品、医药及饲料等领域,为人类和其他动物提供生存所必需的营养,其最关键的环节就是将植物中的蛋白质分离提取出来。采用不同方法提取蛋白质会直接影响蛋白质的结构特性,所得蛋白质的物化功能特性也受提取方法的影响,具体影响程度因植物中蛋白质种类不同而存在较大差异。目前,提取蛋白质使用最多的方法是水提法、碱溶酸沉法、盐提法、硫酸铵法等。

芝麻蛋白的提取效果和溶解性受提取过程中 pH 和盐浓度的影响。不同提取条件所得芝麻蛋白的电泳谱图差异显著,芝麻蛋白具体组成也发生了明显改变,以水为介质提取的芝麻蛋白中含有更多的 α 螺旋,而氯化钠溶液提取的芝麻蛋白则含有较多的 β 折叠(Achouri et al.,2012)。芝麻蛋白主要组成为球蛋白,在提取过程中蛋白质提取率随着氯化钠浓度的增加而明显增加。用水提取时,蛋白质提取率为 12.5%,而经 0.2mol/L、0.6mol/L 和 1mol/L 氯化钠溶液提取所得蛋白质的提取率分别达到 22.8%、53.0%和 54.6%。芝麻蛋白的主要组分为 2S 和 7S 球蛋白,分子质量分别为 13kDa 和 45～50kDa(Achouri et al.,2012)。Achouri 和 Boye(2013)还采用不同浓度的氯化钠和硫酸铵提取及分离芝麻蛋白,其中随着氯化钠提取液浓度的增加,蛋白质的提取率逐渐增加且均高于用水提取的效果,但随着硫酸铵浓度的增加,提取所得蛋白质的组分逐渐减少。以水和低浓度氯化钠溶液提取芝麻蛋白的致敏性相对较高,高浓度氯化钠溶液提取芝麻蛋白的致敏性相对较低。Jarpa-Parra 等(2014)研究发现,不同 pH 提取环境(pH 为 8.0、9.0、10.0)所得蛋白质的等电点为 4.4～4.6,所得蛋白质的分子质量类似,但是当 pH 增加到 9.0 和 10.0 时, 可以导致粒状蛋白发生水解和展开, 进而改善蛋白质的溶解性、成胶性和起泡性。

Ogunwolu 等(2009)分别采用碱溶酸沉及水溶醇沉的方法提取腰果蛋白,并对腰果浓缩蛋白和分离蛋白的物化功能特性进行研究,研究发现,腰果分离蛋白的保水能力、持油能力、乳化稳定性、起泡性及最小成胶浓度均高于腰果浓缩蛋白, 但乳化活性和体积密度要低于腰果浓缩蛋白。Adebowale 等(2007)通过 5 种不同溶剂提取芸豆蛋白,其中利用 1mol/L 氢氧化钠溶液所得蛋白质纯度和提取率最高,蛋白质颜色最深,但提取溶液的 pH 过高有可能会导致蛋白质结构遭到破坏, 一些氨基酸被降解,因此在蛋白质提取过程中应尽量避免高 pH 提取。Arogundade 等(2012)通过等电点沉淀法和超滤浓缩法纯化甘薯蛋白,并对其热凝胶特性进行了研究, 结果发现, 等电点纯化所得蛋白质更易成胶, 微观结构致密并显示网状连接,而超滤所得蛋白质形成凝胶呈颗粒状。李娜等(2014)采用碱提酸沉并结合分步提取法、多次碱提和水洗提取方法提取米谷蛋白,研究发现,碱提法结合分步提取及水洗工艺得到的米谷蛋白纯度高于仅用碱提酸沉法所得米谷蛋白的纯度。谢蓝华等(2012)研究发现, 与采用单一碱法提取茶渣蛋白相比, 采用挤压膨化预处理碱法和挤压膨化预处理酶法提取所得茶渣蛋白的溶解性、保水能力、乳化性及起泡性均得到显著改善,但吸油能力有所降低。挤压膨化预处理后, 茶渣蛋白结构疏松多孔、保水能力好,添加到食品中,不仅出品率高、降低生产成本、延长保鲜期,而且在加热过程中水分不易分离,产品质量得到更好的保证。

3.1.3 环境因子对蛋白质物化功能特性的影响

蛋白质的结构及物化功能特性常受环境条件(如 pH、盐离子、食品胶、糖等)的影响,具体影响程度因蛋白种类不同而存在差异。蛋白质的乳化活性、乳化稳定性、起泡性、泡沫稳定性及成胶性等物化功能特性显著受 pH 和盐的影响(Khalid et al., 2003)。食品胶及糖等对蛋白质的乳化性、起泡性及成胶性等物化功能特性指标影响更加显著(Zhang et al., 2012; Zhang et al., 2015)。

1. pH 对蛋白质物化功能特性的影响

溶解性是蛋白质的重要性质之一且易受到 pH 变化的影响。一般蛋白质溶解性在等电点附近时较低,在偏酸或偏碱条件时相对较高,溶解性随 pH 变化呈 “U” 形谱图,如甘薯蛋白、鹰嘴豆蛋白和芝麻蛋白等(Ragab et al., 2004; Adebowale et al., 2007; Mu et al., 2009)。蛋白质的乳化活性为 pH 依赖型,同酸性条件相比碱性 pH 可以更好地改善蛋白质的乳化活性, 蛋白质的乳化能力依赖于亲水-亲脂平衡,而这个平衡则受 pH 影响,因此可以预见蛋白质的乳化活性随 pH 的变化情况（Ragab et al., 2004）。鹰嘴豆蛋白在等电点附近时其乳化能力及起泡能力较低，在碱性 pH 时乳化能力、乳化稳定性及起泡能力较酸性 pH 要好（Ragab et al., 2004）。豌豆分离蛋白的起泡性随 pH 升高而增强，水溶性豌豆蛋白在不同 pH 范围时其溶解性和起泡性最好，原因在于溶解性促进了蛋白质的展开及空气-水界面上界面蛋白膜的形成，进而改善气泡的密封性（Adebiyi and Aluko, 2011）。在等电点时葫芦巴蛋白乳化活性、乳化稳定性、起泡性及泡沫稳定性最低，碱性条件时乳化活性优于酸性条件，且 pH 越高乳化活性越大（El Nasri and El Tinay, 2007）。腰果壳蛋白的溶解性、乳化活性及起泡性随 pH 的增加呈现先降低后升高的趋势，在等电点附近时腰果壳蛋白的溶解性、乳化活性和起泡性最低，碱性条件时腰果壳蛋白的溶解性、乳化活性及起泡性要优于酸性条件（Yuliana et al., 2014）。pH 显著影响芝麻蛋白的二级结构组成，在 pH 7.0 和 pH 10.0 时，芝麻蛋白的致敏性比 pH 2.0 和 pH 5.0 时要高（Achouri et al., 2012）。Yang 等（2014）研究发现，在酸性 pH 时油菜籽蛋白形成的凝胶微观结构为粒状不规则的结构，而随着 pH 的增加，粒状结构逐渐融化和连接在一起，形成巨大多孔的更稳的致密结构型凝胶。

2. 盐对蛋白质物化功能特性的影响

在酸性 pH 条件下，低浓度 NaCl（<0.2mol/L）的存在可以提高蚕豆蛋白的提取效果，而在碱性 pH 时蚕豆蛋白的保水能力在高浓度 NaCl 时下降（>0.2mol/L）（Arogundade et al., 2016）。添加 NaCl 可以提高鹰嘴豆蛋白的乳化活性、成胶性，但随着浓度增加，乳化活性提高幅度逐渐降低。增加 NaCl 浓度到 0.5mol/L 时，可以增加鹰嘴豆蛋白质的乳化活性，因为低浓度 NaCl 可以提高蛋白质的溶解性（甚至在等电点附近），进而改善蛋白质的乳化活性，但高于一定浓度时乳化活性逐渐降低（Ragab et al., 2004）。El Nasri 和 El Tinay（2007）的研究显示，在 NaCl 浓度为 0.6mol/L 时，葫芦巴蛋白的乳化能力达到最大，在 1.6mol/L 时最小；在 NaCl 浓度为 0.4mol/L 时，其起泡能力达到最大，1.4mol/L 时最小；在低盐浓度时，大部分蛋白质是可溶于盐溶液的且溶解性高，因此具有较好的功能特性。在 NaCl 浓度为 0.8mol/L 时，葫芦巴蛋白浓度为 6% 时就可以形成比较结实的胶，但盐浓度过高或过低都会降低蛋白质的成胶性。另外，在低浓度 NaCl 溶液条件下，腰果壳蛋白的溶解性、乳化活性及起泡性增加幅度最大，但随 NaCl 溶液浓度的升高，腰果壳蛋白的溶解性、乳化活性及起泡性增加幅度逐渐降低，腰果壳蛋白的成胶性能显著增强（Yuliana et al., 2014）。

3. 热处理对蛋白质物化功能特性的影响

热处理是改变食品成分特性的主要方法之一，对蛋白质的结构和功能有很大的影响。热处理导致蛋白质部分或完全展开，暴露更多的疏水性基团和游离巯基，并导致表面疏水性增加(He et al.，2014)，形成二硫键(Petruccelli and Añón，1995)。表面疏水性的变化和二硫键的数量受蛋白质浓度、加热温度和加热时间的影响(Guo et al.，2015；Peng et al.，2016)。蛋白质结构达到稳定状态所需的加热时间受蛋白质类型和加热温度影响显著。大豆蛋白和菜豆蛋白在热处理后的乳化活性和稳定性增强(Barac et al.，2014；Li et al.，2011；Tang and Ma，2009)，并且依赖于蛋白质浓度和加热温度(Guo et al.，2015)。然而，85℃的热处理导致椰子浓缩蛋白乳化稳定性降低(Thaiphanit and Anprung，2016)，经过72℃加热后的蛋黄和血浆蛋白乳化活性也有所降低(Denmat et al.，1999)。此外，热处理可以改善蛋白质在油-水界面的吸附，并影响乳液的液滴絮凝、乳化活性和流变特性(Liu and Tang，2013；He et al.，2014；Peng et al.，2016)，而乳化稳定性并不总是随着蛋白质吸附量的增加而提高(Lam and Nickerson，2014)。

4. 超高压处理对蛋白质物化功能特性的影响

在过去的几十年中，高静水压(high hydrostatic pressure，HHP)技术，又称为超高压技术，已被用于改变食品蛋白质的功能特性，以满足对高质量加工食品日益增长的需求。HHP处理(100～1000MPa)可影响蛋白质的构象并导致其变性、聚集或凝胶化(Messens et al.，1997；Condés et al.，2015)，这主要取决于蛋白质类型、压力大小、处理时间和其他因素(Puppo et al.，2004；Speroni et al.，2009；Wang et al.，2008)。HHP处理对蛋白质结构和功能特性的影响一直是科学研究的焦点。200MPa、400MPa和600MPa的HHP处理导致大豆分离蛋白(Puppo et al.，2004)、豇豆分离蛋白(Peyrano et al.，2016)和核桃蛋白(Qin et al.，2013)的表面疏水性和聚集程度显著增加，还会导致红芸豆蛋白中游离—SH显著减少(Yin et al.，2008)。Achouri和Boye(2013)研究发现，在酸性条件下，200～500MPa的HHP处理可以提高芝麻蛋白的提取率，在广泛的pH范围内HHP处理均可以有效降低芝麻蛋白的致敏性。高压处理会破坏大部分球类蛋白质的三级和四级结构。Zhang等(2003)通过圆二色谱发现，在较高压力条件时(500MPa)，大豆球蛋白规则的结构(α螺旋和β折叠)向自由卷曲转变。在中性条件下，HHP处理可以促进芝麻分离蛋白规则的二级结构逐渐向不规则的自由卷曲转变，且随着压力增加不规则自由卷曲的比例逐渐变大(Achouri and Boye，2013)。经HHP处理后芝麻蛋白的反平行β折叠条带强度大幅度降低，这表明蛋白质发生了一定程度的分离或解聚。在极度酸性的条件下，压力处理促进蛋白质结构转变，并主要向二级结构更加平衡的比例进行变化，经过更高压力处理时，芝麻蛋白显示更稳定的构象(Achouri and Boye，2013)。HHP处理可以改变甘薯蛋白的乳化活性及乳化稳定性，且因蛋白质浓度及处理压力不同而有所差异，同时可以改善甘薯蛋白乳化液的稳定性(Khan et al.，2013；Khan et al.，2014)。

5. 其他因素对蛋白质物化功能特性的影响

食品胶与蛋白质的相互作用会改善蛋白质的结构，进而影响蛋白质的物化功能特性。Liu 等（2010）研究发现，通过阿拉伯胶与豌豆蛋白的相互作用，可以拓宽酸性最低溶解度的范围，进而有力改善豌豆蛋白的起泡性和乳化稳定性。Diftis 和 Kiosseoglou（2003）研究发现，在 60℃条件下，羧甲基纤维素与大豆蛋白发生交互作用会改变大豆蛋白原有的组成情况，进而可以有效改善大豆蛋白的乳化活性。在碱性条件时，HHP 处理可以提高大豆蛋白的乳化活性，降低大豆蛋白乳化液液滴的粒径，但在酸性条件并未发现变化；而在酸性和碱性条件下，压力处理后蛋白质之间的架桥及絮凝程度降低，而乳化液表面吸附蛋白质浓度有所增加（Puppo et al.，2005）。

蛋白质与糖的结合反应会改变蛋白质的结构及其物化功能特性，不同种类糖对蛋白质物化功能特性影响差异较大。Liang 等（2014）研究发现，葡萄糖、麦芽糖、果糖、海藻糖及麦芽糊精对牛乳浓缩蛋白乳化液的稳定性具有显著影响，糖的加入会增加牛乳浓缩蛋白乳化液的粒径，进而影响牛乳浓缩蛋白溶液及其乳化液的热稳定性。其中还原糖可以快速同牛乳浓缩蛋白进行凝聚并在一定程度上发生美拉德反应，进而降低蛋白乳化体系的热稳定性，而非还原糖如海藻糖，则可以更好地保持原有牛乳浓缩蛋白溶液及乳化液的稳定性。增加果糖可以提高鸡蛋清蛋白和乳清蛋白溶液的黏度，但降低其起泡性及泡沫膨胀率（Yang and Foegeding，2010）。

3.2　孜然蛋白的研究进展

脱脂孜然残渣含有蛋白质 28.33%，孜然蛋白（cumin protein，CP）的提取及产品的开发将有利于丰富蛋白质种类并改善现有食品的组成结构，因此具有广阔的市场空间（Milan et al.，2008）。然而，目前关于孜然蛋白相关的研究报道还很有限，仅对孜然蛋白的提取、结构及部分特性进行了初步研究，缺乏对孜然组成蛋白的结构及其特性、孜然分离蛋白（CPI，指纯度较高的孜然蛋白，一般蛋白含量＞85%）的物化功能特性的系统研究，因而极大地限制了孜然蛋白在食品工业中的应用，为此，亟待需要针对孜然蛋白的结构及其物化功能特性进行深入研究。本节重点针对孜然蛋白已有研究报道进行总结，为开展孜然蛋白的深入研究奠定基础。

3.2.1　孜然蛋白的提取及成分测定

孜然原料及孜然残渣中蛋白质含量较高，因此脱脂后的孜然残渣可以作为蛋白质的提取原料。在碱性条件下孜然蛋白的溶解度相对较高，因此提取孜然蛋白的方法可以采用碱溶酸沉法及碱性条件的盐提法。Siow 和 Gan（2014）以 pH 8.0 的磷酸盐缓冲溶液为提取剂，优化了孜然蛋白的最优提取参数：提取时间 0.6h、液料比 10mL/g、温度 26.3℃，所得蛋白提取浓度为 44.98mg/g；并测定孜然蛋白的主要氨基酸为酪氨酸、谷氨酸、天冬氨酸、精氨酸、亮氨酸和苯丙氨酸。Badr 和 Georgiev(1990)研究发现，孜然蛋白含有多种氨基酸，包括人体所需 8 种必需氨基酸，其中谷氨酸和天冬氨酸含量最高，其次为甘氨酸、苯丙氨酸、赖氨酸、精氨酸和亮氨酸，蛋氨酸和胱氨酸含量较低，其中色氨酸为限制性氨基酸，孜然蛋白的氨基酸组成随品种及储存时间的变化差异较小。上述学者的研究结果类似，但是主要组成氨基酸还存在一定差异，这也许与孜然品种和种植区域不同有关。在国内，仅有王富兰等(2009)初步分离了 5 种孜然种子中的 4 种贮藏蛋白并通过电泳对其结构进行初步研究，研究发现，孜然种子中白蛋白的含量最高，占种子干重的 7.14%～8.99%，其次是球蛋白(2.14%～3.18%)、谷蛋白(1.47%～1.98%)和醇溶蛋白(0.34%～0.53%)。王富兰等(2009)以 10 个孜然品种和 1 个小茴香品种为材料，利用种子白蛋白电泳技术对孜然品种的真实性与纯度进行分析研究。结果表明，小茴香种子白蛋白电泳的谱带与孜然种子白蛋白的谱带差异明显，可以很容易与孜然种子区分，这说明随着孜然品种资源的多样化发展，白蛋白电泳技术用于孜然芹种子真实性和品种纯度鉴定是可行的。王富兰等(2011)通过对比试验研究了洗脱时间、柱温等对超高效液相色谱法的影响，确立适宜孜然醇溶蛋白超高效液相色谱法分离的最佳试验方法：在流速 0.3mL/min、柱温 40℃下，流动相 A 液在 16min 内由 10%升至 35%，通过 210nm 波长检测紫外吸收。

3.2.2　孜然蛋白的结构

Siow 和 Gan(2014)采用 pH 8.0 的磷酸盐缓冲溶液提取孜然蛋白，电泳分析显示，孜然蛋白非还原条带的分子质量范围在 10.4～184.1kDa，而还原条带的分子质量范围为 4.3～104.7kDa；根据已有文献推算其组成主要为 2S 白蛋白亚基(8～16kDa)、11S 球蛋白的碱性亚基(20～25kDa)和酸性亚基(30～33kDa)、7S 球蛋白(110.5kDa 和 44.7kDa)及植物凝血素(27.6kDa)；通过傅里叶变换红外光谱对孜然蛋白的二级结构进行了分析，结果发现，CPI 在酰胺 Ⅰ(1600～1700cm^{-1})、酰胺 Ⅱ(1500～1580cm^{-1})具有明显的吸收峰，因此孜然蛋白的二级结构主要由分子内的 β 折叠(1639cm^{-1})、自由卷曲(1642cm^{-1})、α 螺旋(1655cm^{-1})、β 转角(1660cm^{-1})和反向平行 β 折叠聚集(1690cm^{-1})组成。王富兰等(2009)通过电泳谱图发现，不同品种间贮藏蛋白的条带仅在强弱上有些差异，但具体蛋白组成差异不显著，可以利用白蛋白作为特征性蛋白组分通过电泳手段初步鉴定孜然品种的真实性和纯度。非特异性脂质转移蛋白(nsLTP1)是植物中具有代表性的脂质结合蛋白，约占可溶性蛋白的 4%，孜然种子也存在类似的蛋白成分。Zaman 和 Abbasi(2009)提取和分离孜然 nsLTP1，通过研究发现，孜然中 nsLTP1 蛋白含量为 0.42%，等电点为 7.8,分子质量为 9763Da,通过氨基酸测序研究发现,孜然 nsLTP1 的一级结构由 92 个氨基酸残基和 8 个半胱氨酸残基组成。二级结构研究发现,孜然 nsLTP1 球状折叠蛋白包括 4 个由 4 个二硫键和 1 个 C 终端固定的 α 折叠。

3.2.3 孜然蛋白的物化功能特性

孜然蛋白及不同的孜然蛋白组分(白蛋白、谷蛋白及球蛋白)具有不同的结构及功能特性。其中孜然白蛋白的粒径最小,具有最好的乳化活性和乳化稳定性;谷蛋白粒径最大,乳化活性和乳化稳定性最差,形成凝胶的温度最高且储存模量值最大。孜然蛋白的乳化能力和成胶性介于白蛋白和谷蛋白之间。孜然蛋白的结构和功能特性受 pH、温度及超高压处理等环境因素影响。

3.2.4 孜然蛋白的生物活性

孜然蛋白清除 DPPH 自由基的能力(47.7% DPPHsc/μg)比没食子酸的清除能力(246.8% DPPHsc/μg)低,但孜然蛋白的铁离子还原力(12.4mmol/μg)与没食子酸的铁离子还原力(12mmol/μg)一样强,同样条件下并未检测出商业大豆分离蛋白具有抗氧化活性。有报道研究大豆蛋白水解物的抗氧化能力,显示其具有 50%～60% 的自由基清除能力(Amadou et al.,2010),但这一结果仍然低于孜然蛋白,这说明提取所得孜然蛋白具有作为生物活性蛋白的潜力。另外,孜然蛋白具有较低的 α-淀粉酶抑制活性(6.7%),低于已报道的来自大麦蛋白分离生物活性肽的抑制活性(57%～77%)(Alu'datt et al.,2011)。大豆蛋白并不具有抗糖尿病的能力,然而,Lu 等(2012)研究报道了一个来源于大豆蛋白的天然生物活性肽,它具有抗糖尿病的潜力,这有可能是因为蛋白质在经胃肠系统后位于母蛋白链中生物活性肽被释放出来,进而显示出较高的活性(Sarmadi and Ismail,2010)。因此来源于孜然蛋白的生物活性肽可能具有更强的生物活性。综上所述,孜然蛋白具有较强的抗氧化能力和较低的抑制消化活性,是一种潜在的、优良的蛋白质资源,可作为蛋白类营养食品及食品配料广泛应用在食品生产中。

3.2.5 孜然多肽的分离及生物活性

国内尚未见对孜然多肽的研究报道,国外有部分文献对孜然多肽的提取、分离及功能特性进行研究报道。Siow 和 Gan(2016)按酶与底物浓度比 2%(质量分数)向孜然蛋白中加入复合蛋白酶,42.6℃酶解 1.83h,所得多肽经 LC-MS LTQ 质谱仪分析后得出三个多肽片段,分别为 CP1(含有 23 个氨基酸)、CP2(含有 22 个氨基酸)和 CP3(含有 17 个氨基酸),抗氧化活性结果显示,当孜然蛋白肽的添加量为 100μg 时,CP1 表现出最高的亚铁离子还原力(36.71mmol/L)和 α-淀粉酶活性抑制能力(24.54%),而 DPPH 自由基清除活性较低(3.88%);CP2 的 DPPH 自由基清除活性(58.64%)和亚铁离子还原力(29.16mmol/L)较高，而 α-淀粉酶活性抑制能力(7.22%)较低；CP3 的 DPPH 自由基清除活性(3.43%)和亚铁离子还原力(7.6mmol/L)较低，α-淀粉酶活性抑制能力为 12.52%。随后，Siow 等(2017)又采用体外试验分析了上述三种孜然多肽的生物活性，蛋白质体外消化性试验表明，与孜然蛋白(30.6μmoL/h)相比，三种孜然蛋白多肽的体外消化率明显提高，分别为 73.3μmol/h、121.3μmol/h 和 64.6μmol/h，与孜然蛋白相比分别提高了 239%、396%和 211%；孜然蛋白对胰脂肪酶没有抑制活性，而三种孜然蛋白多肽对胰脂肪酶的抑制能力分别达到了 45.4%、49.4%和 77.4%，这可能与三种孜然蛋白多肽的氨基酸作用位点有关；CP1(92.7%)和 CP3(75.4%)的胆汁酸结合能力低于孜然蛋白(100%)，CP2(150.5%)的胆汁酸结合能力高于孜然蛋白，而孜然蛋白、CP1 和 CP2 对胆固醇没有吸附能力，而 CP3 对胆固醇的吸附能力为 91.2%；上述结果非催化位点诱导的多肽变构效应可能会增强胃蛋白酶的水解活性，多肽与脂肪酶位点的直接作用可以提高抑制脂肪酶的作用，孜然蛋白多肽与胆汁酸相互作用的强弱取决于疏水基团和疏水活性。

3.3　孜然蛋白提取工艺、结构及其物化功能特性

3.3.1　孜然蛋白的提取工艺

孜然蛋白是孜然和脱脂孜然中的主要组成成分之一，采取适当的手段将孜然蛋白提取出来是充分利用孜然蛋白的第一步。目前，提取蛋白质主要依据蛋白质在相关溶剂中的溶解度，蛋白质溶解度越高，蛋白质的提取率就越高。可用于提取孜然蛋白的提取剂主要包括水、盐溶液及碱性溶液等。目前提取蛋白质最传统且使用最广泛的方法是碱溶酸沉法，也就是利用蛋白质在碱性条件下溶解度高、等电点时溶解度低的特点来提取和分离蛋白质。

1. pH 对孜然蛋白提取效果的影响

采用 pH 为 1.0～14.0 的溶液分别对孜然蛋白进行提取，所得提取液中的蛋白质浓度随 pH 的升高而发生显著的变化。从图 3.1 中可以看出，在 pH 为 4.0 时提取液中孜然蛋白的含量最低，为 0.283mg/mL，当 pH 超过 4.0 时，随着 pH 的升高，提取液中孜然蛋白的含量越高，在碱性条件时提取液中蛋白含量高于酸性条件，在 pH 为 13 时提取液中蛋白含量最高，达到 2.227mg/mL。因此，孜然蛋白的等电点在 4.0 附近，在进行孜然蛋白提取时可将 pH 调至 4.0，并采用酸沉方式进行纯化。同时，碱性条件下可以更有效地提取蛋白，在 pH 8.0～10.0 时提取效果较稳定，在 pH 13.0 时最佳，但 pH 过高时会影响蛋白质的结构，因此在提取孜然蛋白时优选的 pH 范围为 8.0～10.0。

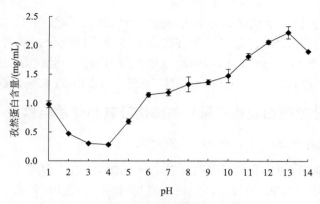

图 3.1　pH 对孜然蛋白提取效果的影响

2. 孜然蛋白的提取及纯化

采用经典的碱溶酸沉法提取孜然蛋白，将脱脂孜然粉以 1∶10 的比例分散于蒸馏水中，利用 1mol/L 的 NaOH 溶液调节 pH 至 9.0，提取 1h，然后在 10000g 条件下离心 15min，回收上清液，重复此操作 2 次，合并上清液，调节 pH 至等电点沉淀(4.0)，于 4℃条件下静置过夜，之后 5000g 离心 15min 得沉淀，用去离子水将沉淀反复清洗 2 次后回溶，调节 pH 至 7.0，然后用透析膜透析(截留分子质量为 3500Da)或超滤脱盐后冻干，得孜然蛋白，冷藏于−18℃冰箱内备用。经测定，所提取的蛋白含量超过 85%，如果需要对孜然蛋白进行深度纯化，可以采用离子交换层析及葡聚糖凝胶柱进行再次纯化。

参考 Osborne(1924)关于植物蛋白中 4 种蛋白的提取方法，可以分别提取脱脂孜然中的白蛋白、球蛋白、醇溶蛋白及谷蛋白等，每步提取重复 3 次，以利于蛋白组分的充分提取。收集不同组分的上清液,在 4℃下透析 48h 后冻干，置于 4℃冰箱冷藏备用。主要操作流程如下：

脱脂孜然粉→加去离子水提取(料液比 1∶10，搅拌 1h，重复 3 次)→离心(10000g，20min，4℃，上清液为白蛋白)→沉淀加 1mol/L NaCl 溶液(料液比 1∶10，搅拌 1h，重复 3 次)→离心(10000g，20min，4℃，上清液为球蛋白)→沉淀加 70%乙醇(料液比 1∶10，搅拌 1h，重复 3 次)→离心(10000g，20min，4℃，上清液为醇溶蛋白)→沉淀加 0.1mol/L NaOH 溶液(料液比 1∶10，搅拌 1h，重复 3 次)→离心(10000g，20min，4℃，上清液为谷蛋白)→残余物。

收集白蛋白、球蛋白及谷蛋白提取上清液，调节 pH 至 4.0，4℃沉淀 1h 后，5000g 离心 15min 得沉淀，用去离子水反复清洗 2 次后回溶，调节 pH 至 7.0，然后用透析膜(3500Da)透析后冻干得孜然白蛋白、球蛋白及谷蛋白，冷藏于−18℃冰箱内备用。收集醇溶蛋白提取上清液用透析膜透析(截留分子质量为 3500Da)后冻干得孜然醇溶蛋白,冷藏于−18℃冰箱内备用。通过孜然蛋白的分离研究发现，分离所得 4 种蛋白的组成比例分别为白蛋白 62.29%、球蛋白 11.12%、醇溶蛋白 1.43%、谷蛋白 25.16%，白蛋白和谷蛋白为主要蛋白组分，两者比例总计达为 87.45%，接近 90%(Chen et al., 2018)。孜然蛋白的主要组成类似于大豆蛋白(白蛋白 75%，谷蛋白 21.5%)、三叶木通种子蛋白(白蛋白 51.65%，谷蛋白 10.6%)。

3.3.2　孜然分离蛋白及组成蛋白的结构及其物化功能特性

1. 孜然分离蛋白及组分蛋白的结构特性

1)十二烷基硫酸钠-聚丙烯酰胺凝胶电泳(SDS-PAGE)谱图

孜然分离蛋白(CPI)及孜然的主要组成蛋白——白蛋白、谷蛋白和球蛋白由不同的蛋白亚基组成。从 SDS-PAGE 谱图中可以看出，白蛋白、球蛋白和谷蛋白的主要条带在孜然分离蛋白中均有对应的条带，但含量却存在显著差异。如图 3.2(a) 所示，在非还原条件下，孜然分离蛋白具有七个主要蛋白质亚基，其分子质量分别约为 51.9kDa、45.9kDa、35.2kDa、23.6kDa、20.4kDa、14.6kDa 和 13.2kDa [图 3.2(a)，泳道 1]，并且在 51.9kDa 和 45.9kDa 处发现蛋白质亚基的条带比其他条带更暗。白蛋白在大约 51.9kDa、45.9kDa、35.2kDa、20.4 和 13.2kDa 处显示出五条主要不同的条带，最集中的条带为 35.2kDa、20.4kDa 和 13.2kDa[图 3.2(a)，泳道 2]，其中 13.2kDa 条带可能对应于 2S 白蛋白(Siow and Gan, 2014)。球蛋白在 45.9kDa 处显示出明显的条带，在 51.9kDa、35.2kDa、20.4kDa 和 16.1kDa 处有一些小条带[图 3.2(a)，泳道 3]。谷蛋白仅在 20.4kDa 处显示一条次要条带 [图 3.2(a)，泳道 4]，这可能是具有特定结构的碱溶性蛋白。

当添加 β-巯基乙醇时，孜然分离蛋白、白蛋白和球蛋白在 45.9kDa 处的条带消失，这意味着高分子质量蛋白质条带由二硫键连接。另外，还观察到在 51.9kDa、29.8kDa、20.4kDa 和 16.1kDa 处四条比较浓的条带对应于孜然分离蛋白的主要蛋白质的亚基组成[图 3.2(b)，泳道 5]，在 37.0kDa、35.2kDa、17.9kDa 和 13.2kDa 处还观察到相对比较浅的条带。白蛋白在 29.8kDa 和 16.1kDa 处显示两条新条带 [图 3.2(b)，泳道 6]，但主要蛋白亚基仍然出现在 35.2kDa、20.4kDa 和 13.2kDa 处。添加 β-巯基乙醇显著影响球蛋白的 SDS-PAGE 谱图，主要有三条比较浓的条带，分别约为 51.9kDa、29.8kDa 和 16.1kDa，三条较浅的条带分别位于 37.0kDa、35.2kDa 和 20.4kDa 处[图 3.2(b)，泳道 8]，其中 16.1kDa 和 20.4kDa 的蛋白条带可能对应于 11S 球蛋白的酸性亚基(Siow and Gan, 2014)。在 29.8kDa 和 16.1kDa 处出现新的条带[图 3.2(b)，泳道 5~7]可能由 45.9kDa 条带蛋白质通过二硫键解离转化而来。谷蛋白仅在约 37.0kDa 处显示一个条带[图 3.2(b)，泳道 8]。孜然谷醇溶蛋白在含有或不含有 β-巯基乙醇的 SDS-PAGE 中没有显示任何条带，这与葡萄种子胚乳醇溶蛋白一致(Gazzola et al., 2014)。

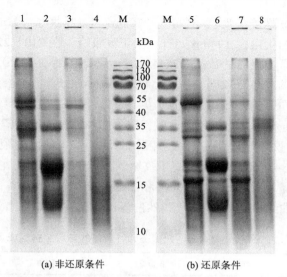

(a) 非还原条件　　　　　(b) 还原条件

图 3.2　孜然主要组成蛋白与孜然分离蛋白的 SDS-PAGE 电泳图

M 为标样；泳道 1 和 5 为孜然分离蛋白；泳道 2 和 6 为白蛋白；泳道 3 和 7 为球蛋白；泳道 4 和 8 为谷蛋白

2）二级结构

通过圆二色谱仪可以估计蛋白质的二级结构组成。在波长范围为 190～260nm 时，二级结构中的 α 螺旋和 β 折叠具有圆二色性。一般来讲，圆二色图谱中 α 螺旋在 191～193nm 范围具有强烈的正吸收峰，而在 208～222nm 处具有典型的负吸收峰。而 β 折叠在 195～200nm 处具有相当强烈的正吸收峰，在 216～218nm 处具有负吸收峰（Yang et al., 1986）。孜然白蛋白、谷蛋白及孜然分离蛋白在远紫外区域内（190～240nm）具有显著不同的圆二色谱图。在远紫外圆二色谱图（图 3.3）中，

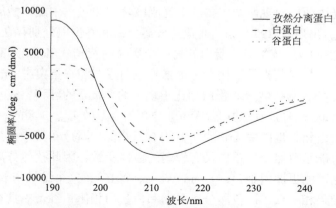

图 3.3　孜然分离蛋白、白蛋白和谷蛋白的远紫外圆二色谱图（190～240nm）

蛋白浓度为 0.1mg/mL，溶于 10mmol/L 磷酸盐缓冲液中

孜然分离蛋白的 α 螺旋负吸收峰(208~219nm)和正吸收峰(191nm)幅度比白蛋白和谷蛋白要强。白蛋白在 194nm 处有一个正吸收峰,在 210~221nm 处有负吸收峰,这与大麻种子白蛋白的数据一致(Malomo and Aluko,2015)。

根据远紫外圆二色谱数据,通过 www.dichroweb.cryst.bbk.ac.uk 在线分析软件分析得到三种蛋白质的二级结构组成,见表 3.2。其中,孜然分离蛋白的 α 螺旋含量为 14.4%,显著高于其他两种蛋白质,白蛋白和谷蛋白的 α 螺旋含量仅为 8.5%和 8.3%。这说明孜然分离蛋白的结构相对比较稳定。白蛋白和谷蛋白的 β 折叠含量相近,分别为 34.2%和 34.3%,高于孜然分离蛋白的 30.9%。白蛋白和孜然分离蛋白的 β 转角含量相近,分别为 20.5%和 20.3%,但显著高于谷蛋白的 17.4%。谷蛋白的无规则卷曲结构为 40%,高于孜然白蛋白和孜然分离蛋白的 36.9%和 34.4%。

表 3.2 孜然分离蛋白、白蛋白和谷蛋白的二级结构组成(%)

样品	α 螺旋	β 折叠	β 转角	无规则卷曲
孜然分离蛋白	14.4	30.9	20.3	34.4
白蛋白	8.5	34.2	20.5	36.9
谷蛋白	8.3	34.3	17.4	40.0

3)内部荧光

蛋白质的荧光光谱图主要是根据蛋白质中的荧光氨基酸测定的。在蛋白质分子中能发射荧光的氨基酸有色氨酸(Trp)、酪氨酸(Tyr)及苯丙氨酸(Phe),其中 Tyr 及 Phe 具有较强的荧光强度。Trp 和 Tyr 荧光峰位出现的波长受蛋白质种类及环境极性条件的影响,进而反映蛋白质结构的变化。孜然分离蛋白、白蛋白和谷蛋白的发射荧光光谱图中出现两个主要的荧光吸收峰,白蛋白中酪氨酸的第一个最大发射波长(λ_{max})出现在 297.5nm,而孜然分离蛋白和谷蛋白分别存在于 299nm 和 300.17nm 处(图 3.4)。孜然分离蛋白的另一个更高的荧光峰出现在 336nm 波长处,其对应于 Trp 的相对荧光强度比 Tyr 更强烈。白蛋白和谷蛋白中 Trp 最大荧光波长在 345.5nm 处,与孜然分离蛋白相比出现了约 10nm 的红移。氨基酸残基环境的极性也显著地影响蛋白质的内部荧光。与 Trp 典型的 λ_{max}(348nm)相比,孜然分离蛋白、白蛋白和谷蛋白中 Trp 的 λ_{max} 均有所降低(蓝移),其中孜然分离蛋白降低最多。这可能是孜然分离蛋白具有较弱的极性所致,因此孜然分离蛋白与发色团的相互作用可能更加困难(Tang and Wang,2010),这个结果与 pH 7.0 时蛋白质的溶解度结果相一致。同孜然分离蛋白和白蛋白相比,谷蛋白具有更大的荧光强度,这可能与其具有较高含量的 Tyr 和 Trp 残基有关。

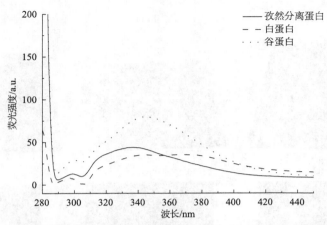

图 3.4　275nm 下孜然分离蛋白、白蛋白和谷蛋白(0.1mg/mL)的内部荧光光谱图

4)扫描电子显微镜图

通过扫描电子显微镜可以观察蛋白粉的表面微观情况，三种蛋白质主要呈片层结构。从图 3.5 中可以看出，谷蛋白的片层结构比较明显，其次是孜然分离蛋白，白蛋白的碎状片层结构较多，这可能也与溶解度有一定相关性，在中性条件下蛋白质的碎片结构越多，越易溶于水。

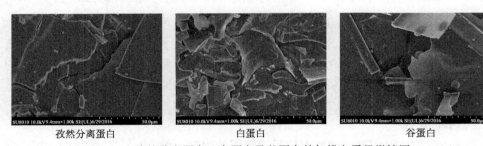

孜然分离蛋白　　　　　　　　白蛋白　　　　　　　　谷蛋白

图 3.5　孜然分离蛋白、白蛋白及谷蛋白的扫描电子显微镜图

5)原子力显微镜图

原子力显微镜(atomic force microscope，AFM)可以用来反映蛋白质的颗粒大小及微观形态，从三种蛋白质的原子力显微镜图(图 3.6)中可以看出，谷蛋白的粒径相对较大，且呈针状，白蛋白与孜然分离蛋白呈柱状且粒径略小于谷蛋白，其中白蛋白粒径大小分布较均匀，这与蛋白质分子的氨基酸组成及具体结构有一定相关性。

2. 孜然分离蛋白及其组成蛋白的物化特性

1)表观流体动力学直径

通过动态激光散射(dynamic laser scatter，DLS)，利用固定角度为 173°的

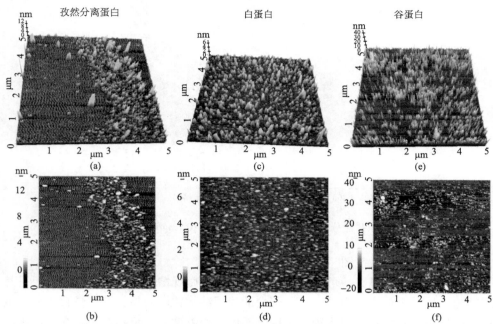

图 3.6　孜然分离蛋白、白蛋白及谷蛋白的 3D 视图和典型顶视图原子力显微镜图
(a)和(b)：孜然分离蛋白；(c)和(d)：白蛋白；(e)和(f)：谷蛋白；扫描面积为 5μm×5μm

Zetasizer Nano-ZS 设备（Malvern Instruments，British）可以测定蛋白质的表观流体动力学直径（D_h）。通过 DLS 试验发现，在蛋白质浓度为 2mg/mL 时，孜然分离蛋白、白蛋白和谷蛋白的 D_h 分别为 84.89nm、67.8nm 和 91.25nm，其中谷蛋白的 D_h 最大，其次是孜然分离蛋白，白蛋白的最小，这与原子力显微镜观察的趋势是一致的。

2）zeta 电位

zeta 电位是对颗粒之间相互排斥或吸引的强度的度量，zeta 电位（正或负）越高，体系越稳定。在蛋白质浓度为 2mg/mL 时，孜然分离蛋白、白蛋白和谷蛋白的 zeta 电位分别是–20.33mV、–14.5mV 和–21.18mV，其中孜然分离蛋白的 zeta 电位与谷蛋白的电位相差不大，白蛋白的电位最小。

3）表面疏水活性

表面疏水活性（H_0）是蛋白质表征的重要物理化学参数，其反映分子间相互作用影响蛋白质表面相关性质的能力（Arogundade et al.，2016）。表面疏水活性受蛋白质种类、溶剂环境等影响，蛋白质的表面疏水活性还会影响蛋白质吸附在界面上的能力并与蛋白质的乳化特性密切相关。孜然分离蛋白、白蛋白和谷蛋白的表面疏水活性分别为 343.35、327.42 和 924.56，其中谷蛋白的最高，其次是孜然分离蛋白，白蛋白的表面疏水活性最低，这表明在谷蛋白和孜然分离蛋白中存在更多暴露的疏水性蛋白簇。各种蛋白质表面疏水活性的差异可能是它们的氨基酸组成不同，以及在蛋白质提取过程中暴露在蛋白质表面的芳香族和脂肪族氨基酸残基的增加引起的(Jahaniaval et al.，2000)。

4) 氨基酸组成

孜然分离蛋白组成与孜然分离蛋白的氨基酸组成数据见表 3.3。从氨基酸组成分析数据可以看出，在孜然分离蛋白组成及孜然分离蛋白中谷氨酸和天门冬氨酸的含量最高，在四种蛋白质的氨基酸组成中，白蛋白的谷氨酸及天门冬氨酸的含量最高，分别是 20.51g/100g 和 10.99g/100g。这与 Badr 和 Asim(1990)对孜然氨基酸组成的研究结果一致。而 Siow 和 Gan(2014)研究发现，孜然分离蛋白中含量最高的是酪氨酸和谷氨酸，分别为 16.74g/100g 和 13.42g/100g，而天门冬氨酸含量相对较高为 8.70g/100g。由于谷氨酸和天门冬氨酸与抗氧化活性具有一定相关性，因此白蛋白可能具有更高的抗氧化能力。四种蛋白质中胱氨酸含量最低，这与 Badr 和 Asim(1990)及 Siow 和 Gan(2014)的研究结果一致。与白蛋白和谷蛋白相比，孜然分离蛋白的疏水性和芳香族氨基酸含量较高，分别为 32.95g/100g 和 8.33g/100g。四种蛋白均含有比较丰富的必需氨基酸，对比 FAO 推荐的成人及 2~5 岁儿童摄入蛋白质中氨基酸的比例情况可以发现，四种蛋白质均可以满足成人对于蛋白质的需求，其中球蛋白的必需氨基酸含量最高达 35.65g/100g，EAA/TAA 为 38.61g/100g，因此孜然分离蛋白可以作为一种潜在的植物蛋白。但对于儿童而言，四种蛋白不同程度地缺乏一些必需氨基酸，如赖氨酸等。

表 3.3 孜然分离蛋白、白蛋白、球蛋白及谷蛋白的氨基酸组成(g/100g 蛋白质)

氨基酸	孜然分离蛋白	白蛋白	球蛋白	谷蛋白	FAO/WHO[g]	
					儿童	成人
天门冬氨酸	10.74	10.99	10.65	8.86		
苏氨酸 [a]	3.52	3.30	3.87	3.02	3.40	0.90
丝氨酸	3.97	3.66	4.17	3.56		
谷氨酸	18.98	20.51	17.67	15.99		
甘氨酸	4.90	4.37	4.77	5.37		
丙氨酸	4.20	3.86	4.60	3.61		
胱氨酸	0.99	0.74	0.55	0.56		
缬氨酸 [a]	4.92	4.55	5.60	4.66	3.50	1.30
蛋氨酸 [a]	1.90	1.08	1.97	1.19		
异亮氨酸 [a]	5.05	4.73	4.91	3.61	2.80	1.30
亮氨酸 [a]	6.80	6.06	6.90	4.95	6.60	1.90

续表

氨基酸	孜然分离蛋白	白蛋白	球蛋白	谷蛋白	FAO/WHO[g]	
					儿童	成人
酪氨酸	2.24	1.33	2.63	2.99		
苯丙氨酸[a]	6.09	6.82	6.06	4.00		
赖氨酸[a]	4.26	4.13	3.90	3.30	5.80	1.60
组氨酸[a]	2.63	2.25	2.43	2.26	1.90	1.60
精氨酸	8.35	8.22	7.91	4.71		
脯氨酸	4.00	3.92	3.74	3.20		
色氨酸	—	—	—	—	1.10	0.50
必需氨基酸	35.16	32.91	35.65	26.98		
非必需氨基酸	58.36	57.60	56.67	48.84		
酸性氨基酸[b]	29.71	31.50	28.31	24.85		
碱性氨基酸[c]	15.24	14.60	14.24	10.27		
芳香族氨基酸[d]	8.33	8.15	8.69	6.99	6.30	1.90
含硫氨基酸[e]	2.88	1.82	2.52	1.75	2.50	1.70
疏水性氨基酸[f]	32.95	31.01	33.78	25.20		
EAA/TAA	37.60	36.36	38.61	35.58		
EAA/NEAA	60.25	57.14	62.90	55.24		

a. 必需氨基酸；b. 酸性氨基酸：天门冬氨酸、谷氨酸；c. 碱性氨基酸：赖氨酸、精氨酸、组氨酸；d. 芳香氨基酸：酪氨酸、苯丙氨酸；e. 含硫氨基酸：蛋氨酸、半胱氨酸；f. 疏水氨基酸：丙氨酸、亮氨酸、异亮氨酸、蛋氨酸、苯丙氨酸、脯氨酸、缬氨酸；g. 2～5 岁儿童或成人的必需氨基酸需求量(FAO/WHO，2007)。

3. 孜然分离蛋白及其组分蛋白的功能特性

1)溶解度

随着 pH 的增加，孜然分离蛋白、白蛋白及谷蛋白三种蛋白质的溶解度呈现先降低然后升高的趋势，溶解度随 pH 变化谱图呈"U"形，见图 3.7。溶解度在偏酸或偏碱条件时相对较高，在 pH 为 2.0 和 3.0 的酸性条件下，孜然分离蛋白的溶解度均高于白蛋白和谷蛋白。在 pH 4.0 附近时蛋白质的溶解度最低，这主要是因为三种蛋白质的等电点在 4.0 附近。甘薯蛋白(Mu et al.，2009)、鹰嘴豆蛋白(Ragab et al.，2004)、普通荞麦的球蛋白和白蛋白(Tang and Wang，2010)、三叶木通种子的分离蛋白、白蛋白和谷蛋白等蛋白质(Du et al.，2012)的溶解度随 pH 变化的趋势与孜然分离蛋白的变化趋势类似。从 pH 5.0 到 7.0，孜然分离蛋白和白蛋白的蛋白质溶解度比谷蛋白低，这可能是由于它们的疏水性和芳香族氨基酸含量较高(表 3.3)。Malomo 和 Aluko 也发现，与大麻球蛋白相比，大麻种子白蛋白的蛋白质溶解度较高，疏水性和芳香族氨基酸水平较低（Malomo and Aluko，2015）。当 pH 超过 7.0 以后三种蛋白的溶解度差别不大。

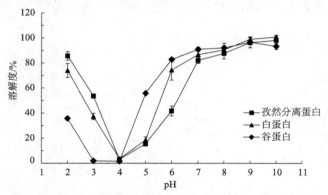

图 3.7   不同 pH 下孜然分离蛋白、白蛋白和谷蛋白的溶解度

2）乳化特性

对比谷蛋白和孜然分离蛋白（表 3.4），白蛋白具有较好的乳化活性（EAI）和乳化稳定性（ESI），在蛋白浓度为 1mg/mL、油相体积分数为 25%时，白蛋白的乳化活性值达到 103.67m²/g，谷蛋白和孜然分离蛋白的乳化活性值分别为 69.37m²/g 和 69.43m²/g。蛋白质乳化液的稳定性用乳化稳定性表示，白蛋白的乳化稳定性为 42.84min，其次是孜然分离蛋白为 21.51min，谷蛋白的乳化稳定性最差为 14.12min。在相同浓度时，三种蛋白质的乳化活性比芸豆分离蛋白、菜豆分离蛋白、大豆分离蛋白（Shevkani et al.，2015）和红芸豆分离蛋白（Yin et al.，2008）要高。白蛋白的乳化稳定性比大豆分离蛋白的乳化稳定性（18.6min）要高（Shevkani et al.，2015）。所有的结果表明，孜然分离蛋白可能是一个很好的潜在乳化剂替代品。乳化液液滴的大小常用来表征蛋白乳化效果的好坏，粒径（$d_{4,3}$）常作为表达乳化液液滴大小的主要指标，乳化液的粒径越小，乳化效果越好。与谷蛋白和孜然分离蛋白相比，白蛋白的乳化液粒径最小（4.29μm），其次是谷蛋白的乳化液粒径（18.93μm），孜然分离蛋白乳化液的粒径最大为 26.51μm。

表 3.4   孜然分离蛋白、白蛋白和谷蛋白的乳化活性、乳化稳定性及粒径

样品	乳化活性/(m²/g)	乳化稳定性/min	粒径/μm
孜然分离蛋白	69.43 ± 2.29[b]	21.51 ± 0.86[b]	26.51 ± 0.14[a]
白蛋白	103.67 ± 4.49[a]	42.84 ± 4.16[a]	4.29 ± 0.26[c]
谷蛋白	69.37 ± 1.7[b]	14.12 ± 0.70[c]	18.93 ± 0.91[b]

注：不同字母代表有显著性差异（$P<0.05$）。

　　从三种蛋白质乳化液的粒径分布图(图 3.8)可以明显看出三种蛋白质乳化液的粒径分布情况,其中白蛋白乳化液颗粒的粒径主要分布在<10μm 的部分,而谷蛋白和孜然分离蛋白的乳化液粒径则主要分布在>10μm 的部分,结果同表 3.4 的结果一致。

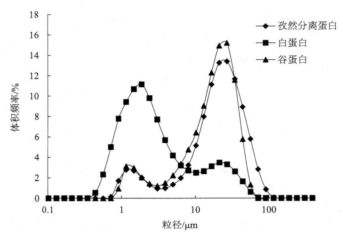

图 3.8　孜然分离蛋白、白蛋白和谷蛋白的乳化液粒径的分布

3)成胶性

　　通过对不同浓度孜然分离蛋白溶液加热可以确定孜然分离蛋白的最小成胶浓度,具体条件是沸水浴 30min 后经冷水冷却,然后将盛放蛋白胶体的小烧杯倒置,凝胶不落下即为孜然分离蛋白形成凝胶的最小浓度。从表 3.5 的测定结果来看,孜然分离蛋白在浓度为 6%时形成了较弱的凝胶,而在蛋白浓度为 8%时形成了较硬的凝胶。

表 3.5　不同浓度孜然分离蛋白的成胶性

浓度/(%,W/V)	2	4	6	8	10	12	14	16
成胶性	−	−	−+	++	++	++	++	++

注:− 连续液态;−+ 弱凝胶;++ 硬凝胶。

　　利用蛋白质浓度为 10%的溶液开展热诱导凝胶的研究发现,随着温度的增加,蛋白质的储存模量(G')和损耗模量(G'')逐渐增加,当储存模量大于损耗模量时的温度为蛋白质形成凝胶的最低温度,即初始凝胶温度(T_{gel})。当加热温度超过 T_{gel} 时,蛋白质发生变性,蛋白质结构展开暴露出更多疏水基团促进蛋白质分子间发生缔合,进而形成具有网络结构的凝胶。从图 3.9 中发现,孜然分离蛋白的初始成胶浓度为 80.6℃,比白蛋白(T_{gel} 为 85.4℃)和谷蛋白(T_{gel} 为 92.6℃)初始成胶温度要低，这说明孜然分离蛋白在更低的温度下更易成胶。但谷蛋白的储存模量显著高于孜然分离蛋白和白蛋白，这说明在相同浓度下，谷蛋白更容易形成凝胶，这可能与谷蛋白具有较高含量的二硫键及巯基有关。经过加热冷却循环后，谷蛋白、孜然分离蛋白和白蛋白所得凝胶的最终储存模量分别为 9410Pa、3060Pa 和 374Pa。

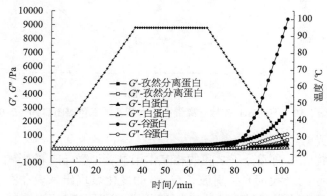

图 3.9　热诱导孜然分离蛋白凝胶形成过程的储存模量和损耗模量变化谱图

3.3.3　pH 对孜然分离蛋白结构及其物化功能特性的影响

1. pH 对孜然分离蛋白结构的影响

1) 二级结构

从蛋白质的远紫外区扫描谱图 (图 3.10) 可以发现，孜然分离蛋白的构象受 pH 的影响显著。一般来讲，α 螺旋和 β 折叠在远紫外区具有强烈的吸收峰，然而正峰值或负峰值主要取决于蛋白质结构和环境条件 (Malomo and Aluko，2015)。孜然分离蛋白在不同 pH 时显示不同的正峰值和负峰值。在 pH 3.0 时，孜然分离蛋白在 193nm 处显示最小正椭圆率。在 pH 5.0 时，孜然分离蛋白在 210nm 处显示最大的负峰，pH 9.0 时孜然分离蛋白在 213nm 处显示最小的负峰，出峰位置接近豌豆球蛋白 α 螺旋在 pH 7.0 和 pH 9.0 时出现的负峰位置 (215nm) (Mundi and Aluko，2013)。孜然分离蛋白在不同 pH 下的二级结构组成测定结果表明，在 pH 5.0 时，蛋白质二级结构组成中 α 螺旋含量最高为 18.3%，其中 pH 7.0 和 pH 9.0 的 α 螺旋含量 (14.4% 和 15.0%) 比 pH 3.0 的 (15.3%) 要低。在 pH 3.0 时，孜然分离蛋白中的 β 折叠含量最低为 17.0%，在 pH 为 5.0、7.0 和 9.0 时，孜然分离蛋白的 β 折叠含量分别增加至 25.2%、30.9% 和 28.5%。当 pH 降低到 5.0、3.0 或增加到 9.0 时，孜然分离蛋白的负峰值显著增加。在 pH 7.0 和 pH 9.0 时，负峰值位置波长从 pH 9.0 时的 213nm 降低到 pH 5.0 和 pH 3.0 时的 210nm 和 204nm。结果表明，孜然分离蛋白的二级构象变化可能是由于 pH 从酸性变为中性和碱性时，静电相互作用和结构紧密性变化的结果 (Yin et al.，2011a)。

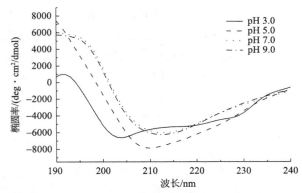

图 3.10　不同 pH 孜然分离蛋白的远紫外圆二色谱图(190～240nm)

2)内部荧光

蛋白质结构和蛋白质分子之间的相互作用显著地受 pH 的影响，这可以通过蛋白质中氨基酸的最大荧光发射波长(λ_{max})的变化表现出来。在高度疏水的环境中，色氨酸的最大荧光发射波长处于典型荧光发射波长范围内(331～347nm)，且随着 pH 的变化而发生显著性变化(Arntfield and Murray，1987)。pH 在 3.0 和 5.0 时，孜然分离蛋白的 λ_{max} 分别为 342nm 和 343nm，当 pH 升至 7.0 和 9.0 时孜然分离蛋白最大 λ_{max} 分别蓝移至 338nm 和 336nm 处，这说明色氨酸微环境的疏水性逐渐增强(图 3.11)。孜然分离蛋白中酪氨酸的 λ_{max} 接近 299nm，比酪氨酸经典的 λ_{max}(303nm)略低(Mundi and Aluko，2013)。pH 的变化会影响离子化残基的总电荷，并且相继改变蛋白质构象及其静电相互作用(Yin et al.，2011a 和 b)。在 pH 5.0 时，蛋白质的荧光强度最低，随着 pH 的升高或降低，蛋白质的荧光强度逐渐增加。在 pH 9.0 时，孜然分离蛋白中色氨酸的荧光强度最高，随后是 pH 3.0 和 pH 7.0。这可能是由于更多的蛋白质分子在等电点附近时聚集在一起，进而可能有更多的色氨酸和疏水氨基酸残基被埋藏在蛋白质内部。而在其他 pH 时，

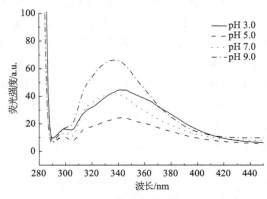

图 3.11　pH 对孜然分离蛋白内部荧光光谱的影响(蛋白浓度为 0.1%，*W/V*)

环境 pH 远离蛋白质等电点区域，蛋白质构象发生很大变化，进而暴露出更多的色氨酸残基和疏水性氨基酸，pH 在 3.0 和 9.0 时具有更高的表面疏水活性和荧光强度。

2. pH 对孜然分离蛋白表面疏水活性的影响

表面疏水活性(H_0)在蛋白相互作用及界面活性方面发挥重要的作用(Cheung et al.，2014)。蛋白质所处环境 pH 变化会显著地影响蛋白质的表面疏水活性(图 3.12)及界面特性。在 pH 3.0 时，孜然分离蛋白的 H_0 最高为 1719.17，而在接近蛋白质等电点的 pH 5.0 时，获得孜然分离蛋白的 H_0 最低为 136.86。随着 pH 增加到 7.0 和 9.0，孜然分离蛋白的 H_0 分别增加到 343.35 和 1445.43，这可能是由于更多的脂肪族和芳香族氨基酸残基暴露于表面。豌豆蛋白(Chang et al.，2015)和鹰嘴豆蛋白(Zhang et al.，2009)的 H_0 在 pH 3.0～7.0 的范围内也有类似的变化。

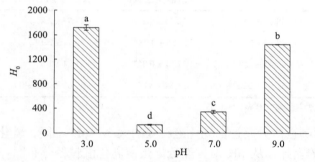

图 3.12 不同 pH 对孜然分离蛋白表面疏水活性的影响

不同字母代表有显著性差异($P<0.05$)

3. pH 对孜然分离蛋白乳化特性的影响

1)乳化活性(EAI)和乳化稳定性(ESI)

随着 pH 的增加(3.0～9.0)，孜然分离蛋白 EAI 呈现先降低后增加的趋势，在 pH 为 3.0 时，孜然分离蛋白的 EAI 为 48.16m^2/g；当 pH 增加大 5.0 时，此处更接近于等电点，其 EAI 降低为 43.83m^2/g；当 pH 升至 7.0 和 9.0 时，EAI 分别增加至 69.15m^2/g 和 81.91m^2/g。EAI 的变化趋势与表面疏水活性的变化趋势相类似。ESI 的变化趋势与 EAI 类似，在接近等电点(pH 为 3.0 和 5.0)时，蛋白质乳化液的稳定性最低，分别为 12.45min 和 11.86min；当 pH 升高至 7.0 时，ESI 增加至 31.48min；在 pH 为 9.0 时，ESI 为 53.54min。静电斥力会破坏蛋白质分子及乳化液液滴之间的相互作用，进而有助于保证蛋白乳化液的稳定性。在 pH 为 9.0 时蛋白质及蛋白质乳化液的电位最大，因此孜然分离蛋白乳化液的稳定性也最高。

2）乳化液的 zeta 电位

乳化液环境的 pH 直接影响蛋白质表面的静电荷，孜然分离蛋白乳化液的 zeta 电位随 pH 的升高而发生显著变化（表 3.6）。碱性条件时，蛋白质表面的负电荷增加，因此随着 pH 的增加乳化液的 zeta 电位逐渐增加，在 pH 9.0 时孜然分离蛋白乳化液的 zeta 电位最高为 −47.63mV。

3）乳化液颗粒大小及分布

孜然分离蛋白乳化液颗粒大小随 pH 的变化趋势与 ESI 变化趋势相反。随着 pH 的增加（pH 3.0～9.0），孜然分离蛋白乳化液的粒径（$d_{4,3}$）先升高再降低，在 pH 3.0 时，$d_{4,3}$ 为 30.9μm；当 pH 升至 5.0 时，$d_{4,3}$ 达到最大值，为 32.44μm；当 pH 升高后至 7.0 和 9.0 时，孜然分离蛋白乳化液的 $d_{4,3}$ 降低至 26.51μm 和 18.37μm（表 3.6）。

表 3.6　pH 对孜然分离蛋白乳化活性、乳化稳定性及乳化液 zeta 电位和粒径的影响

pH	乳化活性/(m²/g)	乳化稳定性/min	zeta 电位/mV	粒径/μm
3.0	48.16 ± 0.94[c]	12.45 ± 0.20[c]	−27.57 ± 2.81[d]	30.90 ± 0.78[b]
5.0	48.83 ± 2.82[c]	11.86 ± 0.08[cd]	−36.17 ± 2.19[c]	32.44 ± 0.17[a]
7.0	69.43 ± 2.29[b]	22.51 ± 0.25[b]	−41.84 ± 1.51[b]	26.51 ± 0.14[a]
9.0	81.91 ± 2.21[a]	53.54 ± 3.86[a]	−47.63 ± 0.73[a]	18.37 ± 0.39[c]

注：不同字母代表有显著性差异（$P<0.05$）。

pH 直接影响孜然分离蛋白乳化液粒径的大小，pH 不同，乳化液液滴粒径分布也存在显著的差异。从 pH 对孜然分离蛋白乳化液粒径分布图（图 3.13）中可以看出，所有 pH 范围内乳化液液滴分布均呈现双峰，且在 pH 为 7.0 和 9.0 时，$d_{4,3}$ 小于 10μm 的峰值较高，pH 9.0 的比例高于 pH 7.0 的。相反在 10～100μm 的粒径范围时，pH 5.0 的乳化液的占比和峰值最高，其次为 pH 3.0、pH 7.0 和 pH 9.0。从四个 pH 范围制备乳化液的显微结构中（图 3.14）也可以看出四种乳化液粒径情况，其中在 pH 5.0 时粒径最大，其次是 pH 3.0 和 pH 7.0，在 pH 9.0 时孜然分离蛋白乳化液粒径最小。

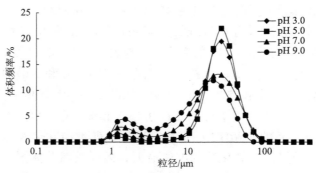

图 3.13　pH 对孜然分离蛋白乳化液粒径分布的影响

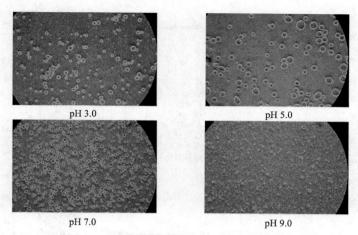

图 3.14　pH 对孜然分离蛋白乳化液显微结构的影响

4) 乳化液流变特性

　　流变特性是蛋白质乳化液的重要性质之一, 主要表现指标是黏度和剪切压力。pH 对孜然分离蛋白乳化液表观黏度(apparent viscosity)的影响(图 3.15)显示, 随着剪切速率(shear rate)的增加乳化液的表观黏度均降低, 即所有 pH 范围的孜然分离蛋白乳化液均表现出了剪切变稀的非牛顿流体特性, 在 pH 为 3.0、5.0、7.0 和 9.0 时, 孜然分离蛋白乳化液的初始表观黏度分别为 1800mPa·s、729mPa·s、264mPa·s 和 258mPa·s, pH 的升高使孜然分离蛋白乳化液的黏度显著地降低。

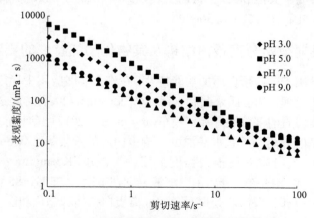

图 3.15　pH 对孜然分离蛋白乳化液流变特性的影响

4. pH 对孜然分离蛋白成胶特性的影响

　　pH 显著地影响孜然分离蛋白的成胶特性(图 3.16)。在蛋白质浓度为 10%时, 不同 pH 的孜然分离蛋白均可以形成胶体, 然而最低成胶温度差异较大。最低成胶

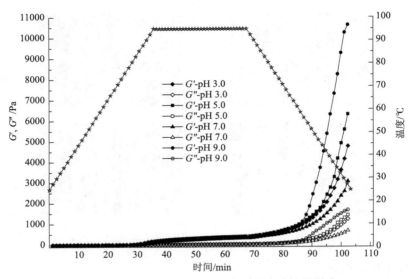

图 3.16　pH 对孜然分离蛋白热诱导成胶性的影响

温度是指样品在处理过程中其储存模量(G')大于损耗模量(G'')时的温度，研究发现在中性及碱性条件时孜然分离蛋白的最低成胶温度高于酸性，在接近等电点的 pH 5.0 时，孜然分离蛋白的成胶温度最低，为 68.5℃，pH 3.0 时为 70.3℃，pH 7.0 时为 80.6℃，pH 9.0 时蛋白质的成胶温度最高，为 83℃。在 pH 9.0 时形成凝胶的 G' 为 10620Pa 显著高于其他 pH，在 pH 为 3.0、5.0 和 7.0 时，孜然分离蛋白形成凝胶的 G' 分别为 4765Pa、6315Pa 和 3060Pa。

3.3.4　热处理对孜然分离蛋白结构及其物化功能特性的影响

　　热处理经常用于改善蛋白质的功能特性，在许多实践应用中稳定的蛋白质乳化液常经过热加工处理，如巴氏杀菌和灭菌（McClements，2004）。超过变性温度的热处理常会导致蛋白质的部分展开和聚集（Wang et al.，2012）。加热处理蛋白质溶液导致蛋白质亚基的分离，并且加热温度影响蛋白质的聚集状态（Corredig，2009）。与热处理相关的蛋白质聚集很大程度上依赖于温度（Keeratiurai and Corredig，2009）。本节将 1.0 %的孜然分离蛋白溶液分别在 65℃、75℃、85℃、95℃的水浴中加热 30min 后冷却，探讨热处理对孜然分离蛋白结构和物化功能特性的影响。

　　1. 热处理对孜然分离蛋白结构的影响

　　1）SDS-PAGE 谱图
　　由图 3.17 可以看出，孜然分离蛋白经过 65℃、75℃、85℃和 95℃处理 30min 后，部分蛋白质分子发生了聚集，形成分子质量较大的聚集体，因此在凝胶顶部形成了染色较浓的区域。在未添加 β-巯基乙醇的非还原条件下，热处理诱导分离胶顶部条带浓度增加，而对应的蛋白质亚基的条带则逐渐减弱，95℃加热后孜然分离蛋白的分离胶顶部条带浓度最大，而其蛋白质亚基的条带强度最弱。图 3.17 中未加热处理孜然分离蛋白 20.4kDa 和 35.2kDa 处的条带变浅，这两个分子质量的蛋白亚基有可能参与热处理后二硫键的形成。加入 β-巯基乙醇后蛋白聚合物被分裂成亚基，形成与未加热样品相近的条带，蛋白质的组成并未发生明显的变化，这说明加热过程中蛋白质的聚合物主要以二硫键进行链接。

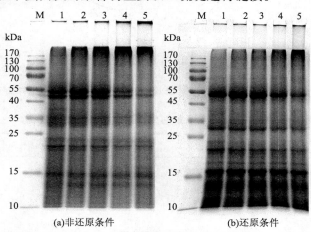

(a)非还原条件　　　　　(b)还原条件

图 3.17　热处理前后孜然分离蛋白的 SDS-PAGE 电泳图

M 为标样；泳道 1~5 分别为经加热温度为 25℃，65℃，75℃，85℃，95℃处理 30min 后的孜然分离蛋白

2) 二级结构

加热处理可以改变孜然分离蛋白的二级结构组成。如图 3.18 所示，未处理的孜然分离蛋白在 191nm 处有正吸收峰，在 212nm 处具有负吸收峰；经过加热处理后，孜然分离蛋白负吸收峰逐渐增大且负吸收峰出现的位置逐渐降低到 208nm(95℃)。如表 3.7 所示，经过加热处理后孜然分离蛋白的 α 螺旋结构逐渐增加，由 25℃时的 14.4%，逐渐增加到 95℃时的 19.8%，而孜然分离蛋白的 β 折叠结构则呈下降趋势由 25℃时的 30.9%，下降到 95℃时的 25.4%，β 转角结构及无规则卷曲结构变化不明显。加热还会引起油菜籽蛋白(He et al.，2014)、β 乳球蛋白(Manderson et al.，1999)等蛋白质的二级结构发生变化，但变化趋势因蛋白种类不同而存在差异。

3) 内部荧光

通过测定孜然分离蛋白的内部荧光也可以观察加热促进孜然分离蛋白结构发生的变化。加热处理可以使深埋在蛋白质内部的色氨酸暴露于蛋白质表面，从而使蛋白质荧光强度增强，而内部色氨酸被遮蔽会使蛋白质构象荧光发生猝灭(姜梅等，2013)。如图 3.19 所示，随着加热温度的增加，色氨酸出现的最大荧光发射波长(λ_{max})逐渐增大而出现红移，且加热温度越高红移程度越大，孜然分离蛋白中

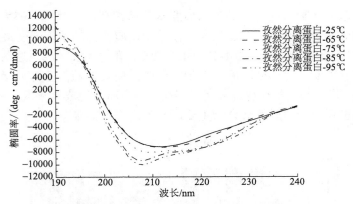

图 3.18　热处理前后孜然分离蛋白的远紫外圆二色谱图（190～240nm）

表 3.7　热处理前后孜然分离蛋白的二级结构组成

加热温度/℃	α螺旋/%	β折叠/%	转角/%	无规则卷曲/%
25	14.4	30.9	20.3	34.4
65	15.5	30.4	20.8	33.3
75	16.6	29.5	20.5	33.4
85	18.5	27.4	20.9	33.1
95	19.8	25.4	20.5	34.3

色氨酸的 λ_{max} 从 25℃时的 336nm 红移到 95℃时的 342nm，而酪氨酸的 λ_{max} 则随着加热温度升高而逐渐降低出现蓝移。随着温度的升高，孜然分离蛋白分子内部荧光强度在两个最大波长处逐渐降低，这可能是因为加热过程导致蛋白质发生部分变性，使更多芳香族疏水基团暴露出来，但蛋白质结构发生变化而导致色氨酸和酪氨酸残基被遮蔽，进而使蛋白质内部荧光发生猝灭。

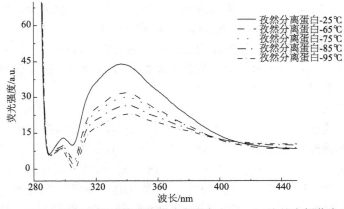

图 3.19　275nm 下加热处理前后孜然分离蛋白（0.1mg/mL）的内部荧光光谱图

2. 热处理对孜然分离蛋白表面疏水活性的影响

加热处理大大提高了孜然分离蛋白的表面疏水活性。随着加热温度从 25℃上升到 95℃，表面疏水活性逐渐从 343.35 增加到 1030.60（表 3.8）。热处理也会导致其他植物蛋白的表面疏水活性增加，如芸豆蛋白（Wang et al.，2012）、豌豆蛋白（Peng et al.，2016）、油菜籽蛋白（He et al.，2014）等。热处理诱导天然蛋白质结构部分展开，降低蛋白质中球状结构的程度，暴露出位于球状蛋白质内部的疏水基团，进而导致其表面疏水活性的增加（He et al.，2014；Peng et al.，2016）。除加热温度外，蛋白质浓度和加热时间也不同程度地影响蛋白质的表面疏水活性（He et al.，2014；Wang et al.，2012）。

表 3.8　热处理对孜然分离蛋白表面疏水活性和 zeta 电位的影响

加热温度/℃	表面疏水活性	zeta 电位/mV
25	343.35 ± 22.74^d	-20.33 ± 0.40^a
65	441.82 ± 23.05^c	-19.73 ± 0.32^{ab}
75	676.07 ± 25.98^b	-19.70 ± 0.78^{ab}
85	1018.55 ± 2.62^a	-19.73 ± 0.57^{ab}
95	1030.60 ± 28.85^a	-19.40 ± 0.35^b

注：不同字母代表有显著性差异（$P<0.05$）。

3. 热处理对孜然分离蛋白 zeta 电位的影响

zeta 电位是描述蛋白质表面电荷量的重要物理参数，并且可以作为蛋白质稳定性的指标。温度是影响蛋白质电位的最重要的因素之一（Atamas et al.，2017）。热处理导致孜然分离蛋白 zeta 电位降低，在加热温度为 95℃时蛋白质的 zeta 电位最低，为−19.40mV，但是这与在 65℃、75℃和 85℃加热后蛋白质电位并没有显著差异（表 3.8）。与未加热孜然分离蛋白相比，热处理后蛋白质分子内巯基之间形成更多的二硫键，也会导致孜然分离蛋白表面电荷减少。

4. 热处理对孜然分离蛋白溶解度的影响

热处理是促进蛋白质变性最常用的一种物理处理方式，当加热温度超过蛋白质的变性温度后，长时间的热处理会导致蛋白质变性，促进蛋白质结构展开。蛋白质的溶解度常受其亲水/疏水平衡影响，这主要取决于氨基酸组成及蛋白质的表面特性。从加热对孜然分离蛋白溶解度影响的研究结果（图 3.20）发现，在孜然分离蛋白浓度为 1%时，65～85℃加热 30min 会使蛋白溶解度略微上升，而再次升高温度会使蛋白溶解度降低，但溶解度仍超过 80%。芸豆蛋白经过加热处理也有类似的发现，在中性条件下芸豆蛋白经 95℃加热 15min 和 30min 后蛋白溶解度均增加，而当加热时间延长至 60min 后，蛋白溶解度显著降低(Tang and Ma, 2009)。这可能是因为在相对较低的温度加热时，原有蛋白质分子中包埋的带电荷的残基被暴露出来，进而使蛋白质溶解度升高。当再次升高温度后，亲水/疏水平衡遭到破坏蛋白质分子间发生聚集。另外，在孜然分离蛋白浓度较低时，经过温和的热处理也可能会使蛋白质分子发生部分降解，形成可溶性的聚合物；当温度升高或蛋白质浓度升高后，形成的聚合物逐渐发生聚集，促进不溶性组分的增加，进而导致蛋白质变性和沉淀，溶解度降低。

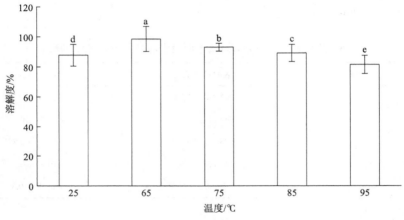

图 3.20　热处理对孜然分离蛋白溶解度的影响

不同字母代表有显著性差异(P<0.05)

5. 热处理对孜然分离蛋白乳化特性的影响

1) 乳化活性(EAI)和乳化稳定性(ESI)

经过均质乳化后发现，热处理后孜然分离蛋白的 EAI 和 ESI 均有所降低，见表 3.9。当形成乳化液的蛋白浓度升高时，其 EAI 显著降低而 ESI 则显著增加，乳化液的粒径显著降低；天然或加热的孜然分离蛋白在蛋白质浓度为 1%(W/V)时具有最高的 ESI、最低的 EAI 和最小的乳化液液滴。热处理也降低了 β 乳球蛋白在中性条件时的 EAI 和 ESI(Lam and Nickerson, 2014)。然而，加热时间会显著影响蛋白质的 EAI，短时的加热处理会显著提高大豆蛋白的 EAI 和 ESI(Li et al., 2011；Barac et al., 2014)。Przybycien 和 Bailey(1991)认为，α 螺旋比 β 折叠具有相对较少的表面积，热处理增加了 α 螺旋的含量，因此降低了油滴吸附蛋白质的含量，进而观察到加热引起孜然分离蛋白 EAI 和 ESI 的降低。另外，热处理后蛋白质表面电荷的减少、蛋白质分子间斥力的降低也易于蛋白质分子发生凝聚，促进了蛋白质 EAI 和 ESI 的降低。

表 3.9　天然和热处理孜然分离蛋白的乳化活性、乳化稳定性及粒径

蛋白浓度/%	样品	乳化活性/(m²/g)	乳化稳定性/min	粒径/μm
0.1	孜然分离蛋白-25℃	69.40 ± 0.81ᵃ	21.45 ± 1.19ᵃ	26.51 ± 0.14ᵈ
	孜然分离蛋白-65℃	50.15 ± 2.10ᵇ	16.95 ± 0.35ᵇ	29.36 ± 0.66ᶜ
	孜然分离蛋白-75℃	46.80 ± 1.92ᵇ	15.84 ± 0.98ᵇ	31.81 ± 1.75ᵇ
	孜然分离蛋白-85℃	48.16 ± 6.37ᵇ	14.05 ± 0.51ᶜ	31.14 ± 0.27ᵇ
	孜然分离蛋白-95℃	50.77 ± 4.27ᵇ	13.38 ± 0.07ᶜ	31.37 ± 2.30ᵃ
0.5	孜然分离蛋白-25℃	42.78 ± 0.75ᵃ	41.63 ± 2.80ᵃ	9.96 ± 0.07ᵈ
	孜然分离蛋白-65℃	41.21 ± 0.55ᵇ	41.03 ± 2.29ᵃ	10.80 ± 0.15ᶜ
	孜然分离蛋白-75℃	38.11 ± 1.01ᶜ	26.06 ± 0.47ᵇ	11.61 ± 0.07ᵇ
	孜然分离蛋白-85℃	31.09 ± 0.76ᵈ	19.48 ± 0.56ᶜ	11.74 ± 0.35ᵇ
	孜然分离蛋白-95℃	28.91 ± 0.72ᵉ	18.00 ± 1.15ᶜ	12.04 ± 0.19ᵃ
1.0	孜然分离蛋白-25℃	26.41 ± 0.74ᵃ	43.40 ± 1.88ᶜ	8.56 ± 0.24ᵈ
	孜然分离蛋白-65℃	26.47 ± 0.58ᵃ	49.83 ± 1.75ᵇ	8.84 ± 0.28ᶜ
	孜然分离蛋白-75℃	23.76 ± 0.72ᵇ	54.48 ± 2.45ᵃ	9.96 ± 0.07ᵇ
	孜然分离蛋白-85℃	20.66 ± 0.62ᶜ	37.09 ± 2.03ᵈ	10.24 ± 0.07ᵃ
	孜然分离蛋白-95℃	20.30 ± 1.25ᶜ	34.34 ± 3.68ᵈ	9.92 ± 0.06ᵇ

注:不同字母代表有显著性差异($P<0.05$);蛋白质的乳化条件为:油相体积分数为 25%,21000r/min 均质 1min。

2)乳化液粒度大小及分布

不同蛋白质浓度孜然分离蛋白形成的乳化液均显示两个主要的分布峰（图 3.21）。然而，不同的加热温度和蛋白质浓度显著影响液滴分布峰的出峰位置和大小。几乎所有乳化液液滴的粒径均在 1～100μm 范围内。随着加热温度的升

高，乳化液液滴分布曲线移动到更大的尺寸液滴范围，并且它们的体积频率同时增加。当蛋白质浓度从 0.1%增加到 1%（W/V）时，粒径超过 10μm 液滴的体积频率逐渐降低，对应于较大液滴尺寸的峰则移动到较低的粒径范围。

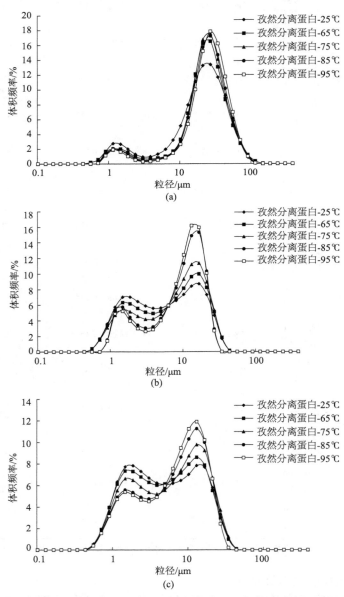

图 3.21　不同浓度天然和加热的孜然分离蛋白制备新鲜乳化液的典型粒度分布图
(a)～(c)对应形成乳化液的蛋白浓度分别为 0.1%、0.5%和 1.0%（W/V）

3)乳化液的微观结构

图 3.22 中显示了孜然分离蛋白浓度为 0.1%、0.5%和 1.0%(*W/V*)时制备新鲜乳化液的光学显微镜图像。随着蛋白质浓度的增加，液滴分布更加均匀，油滴尺寸显著降低，这与表 3.9 中粒径的结果一致。在相同的蛋白质浓度下，加热后孜然分离蛋白乳化液的油滴尺寸均高于未加热孜然分离蛋白乳化液的液滴尺寸。随着热处理强度的增加，蛋白聚集物的增加使更多的油滴形成团簇，这可能导致热处理后孜然分离蛋白乳化活性和乳化稳定性的降低。

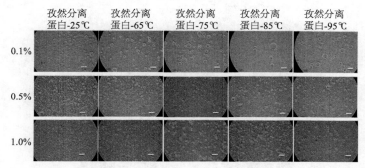

图 3.22　不同浓度天然和加热的孜然分离蛋白制备乳化液的光学显微镜图像
白色横线代表 100μm

3.3.5　超高压对孜然分离蛋白结构及其物化功能特性的影响

超高压处理可以影响蛋白质的构象，进一步影响蛋白质的物化功能特性(Messens et al.，1997；Condés et al.，2015)。超高压处理可以影响大豆分离蛋白(Puppo et al.，2004)、豇豆分离蛋白(Peyrano et al.，2016)、核桃蛋白(Qin et al.，2013)、红芸豆蛋白、(Yin et al.，2008)的结构和功能特性，具体影响程度还受蛋白质类型、压力大小、处理时间和其他因素等影响。本节针对孜然分离蛋白溶液(2.0%，*W/V*)经 0.1MPa、200MPa、400MPa 和 600MPa 的压力处理 15min 后的蛋白样品进行研究，探讨超高压处理对孜然分离蛋白结构和物化功能特性的影响。

1. 超高压处理对孜然分离蛋白结构的影响

1)SDS-PAGE 谱图

超高压处理引起孜然分离蛋白分子结构的变化，进而影响蛋白亚基的含量及蛋白 SDS-PAGE 谱图中条带的强度。从超高压处理前后孜然分离蛋白 SDS-PAGE 电泳图(图 3.23)中可以看出，在非还原条件下，孜然分离蛋白主要条带分子质量范围是 13.2～170kDa，其中主要的条带出现在 51.9kDa、45.9kDa、35.2kDa、20.4kDa 和 14.6kDa。然而无论是否添加 *β*-巯基乙醇，在浓缩胶顶部区域的条带都随着压力的增加而逐渐变强。相反，在非还原条件，即不添加 β-巯基乙醇时，加压逐渐降低了孜然分离蛋白中 45.9kDa 和 51.9kDa 处条带的强度，而在添加 β-巯基乙醇后 51.9kDa 和 29.8kDa 处的条带随着超高压处理而变浅，但超高压处理并没有导致其中某些条带的消失。这说明超高压处理诱导蛋白聚集体形成主要由二硫键链接。超高压处理同样会诱导马铃薯蛋白（Baier and Knorr，2015）、大豆分离蛋白（Puppo et al.，2004）聚集物的形成，进而增加高分子蛋白亚基的条带浓度。

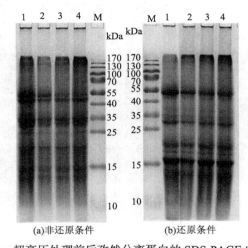

图 3.23　超高压处理前后孜然分离蛋白的 SDS-PAGE 电泳谱图

M：标样；泳道 1：天然孜然分离蛋白；泳道 2～4：分别经 200MPa、400MPa 和 600MPa 压力下处理 15min 后的孜然分离蛋白

2）二级结构

孜然分离蛋白经超高压处理以后，其二级结构组成发生了显著性变化（图 3.24）。天然的孜然分离蛋白在 191nm 附近有正吸收峰，200nm 附近椭圆率为零，在 212nm 附近有负吸收峰。孜然分离蛋白经超高压处理后正吸收峰值降低，且零交叉点在 400MPa 和 600MPa 处理后偏移到 199nm 处，而负吸收峰均由 212nm 偏移到 208nm 处；400MPa 和 600MPa 处理后其椭圆率绝对值显著高于未处理和 200MPa 处理的蛋白。油菜籽蛋白（He et al.，2014）和大豆球蛋白（Zhang et al.，2003）经超高压处理后也有类似的发现。圆二色谱图的变化与二级结构组成（表 3.10）的变化相一致。经加压以后孜然分离蛋白的 α 螺旋结构由常压时的 14.4%逐渐增加到 16.3%、17.9%和 17.3%。同 α 螺旋结构变化趋势相反，β 折叠的含量逐渐减小，由常压时的 30.9%逐渐降低到 600MPa 时的 27.4%。加热对转角的结构影响不大，超高压处理前后其占比范围是 20.3%～20.8%。无规则卷曲的结构随着压力的升高呈现先降低又升高的趋势，其中在 600MPa 时达到最高为 34.7%。

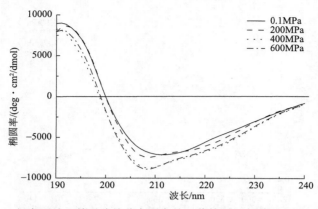

图 3.24　超高压处理前后孜然分离蛋白的远紫外圆二色谱图（190～240nm）

表 3.10　超高压处理前后孜然分离蛋白的二级结构组成

压力/MPa	α 螺旋/%	β 折叠/%	转角/%	无规则卷曲/%
0.1	14.4	30.9	20.3	34.4
200	16.3	30.7	20.8	32.3
400	17.9	27.9	20.4	33.8
600	17.3	27.4	20.6	34.7

3）内部荧光

超高压处理会促进蛋白质发生部分变性，进而使蛋白质的极性增加，更多的氨基酸残基会与极性基团接近或作用，而导致激发光谱的发射波长出现红移。孜然分离蛋白经超高压处理以后，蛋白质逐渐发生变性，Trp 的最大荧光发射波长（λ_{max}）由常压的 336nm 逐渐红移到 200MPa 的 341nm 和 400MPa 处的 342nm，然而到了 600MPa 处又降至 338nm，同时荧光强度也随着压力处理而有所降低，如图 3.25 所示。但是 Tyr 的 λ_{max} 受超高压处理的影响不大，超高压处理前孜然分离蛋白的 λ_{max} 为 299nm，超高压处理后均为 298nm。超高压处理也会引起其他蛋白如芸豆蛋白（Yin et al.，2008）中 Trp 的 λ_{max} 出现红移。Peyrano 等（2016）也发现，400MPa 和 600MPa 的超高压处理降低了豇豆蛋白荧光值，主要原因在于 400MPa 和 600MPa 处理后形成了比 200MPa 处理后更大的蛋白质聚集体。荧光值的下降和孜然分离蛋白中 Trp 的 λ_{max} 的红移表明，超高压处理可能会使 Trp 与越来越多的极性溶剂连接在一起而引发猝火（Zhu et al.，2017）。

4）扫描电子显微结构

通过扫描电子显微镜可以观察超高压处理对孜然分离蛋白微观结构的影响情况。从图 3.26 中可以看出，孜然分离蛋白在常压时主要呈现片层结构。经过 200MPa 处理后蛋白片层结构中间出现了部分空洞，且在片层结构的边缘出现不规则的熔

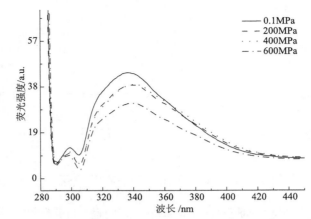

图 3.25 275nm 下超高压处理前后孜然分离蛋白(0.1mg/mL)的内部荧光光谱

融状结构。加压 400MPa 后不规则的熔融状结构逐渐增多，当压力达到 600MPa 时蛋白片层中的孔洞逐渐增加，片层结构逐渐减少。天然和超高压处理的孜然分离蛋白的微观结构差异可能与超高压处理过程中孜然分离蛋白的非共价键被破坏有关。

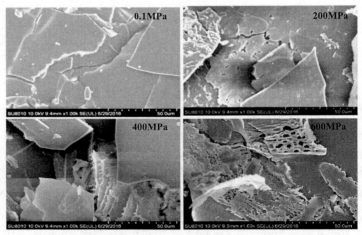

图 3.26 不同压力处理孜然分离蛋白的扫描电子显微镜图对比

5) 原子力显微镜

原子力显微镜谱图(图 3.27)显示，未处理孜然分离蛋白的高度低于 12nm，一些具有较大颗粒的聚集物在原子力正面谱图上呈现白色区域。孜然分离蛋白经过超高压处理后，出现越来越多分布均匀的蛋白颗粒，原子力显微镜扫描图中蛋白颗粒的高度增加且出现了较多的尖峰，其中 400MPa 处理后蛋白颗粒的高度超过 200MPa 和 600MPa 处理的蛋白样品，这可能是由于蛋白在 400MPa 高压处理后出现了更多的聚集，而经过 600MPa 处理后部分聚集物再次发生了解离。

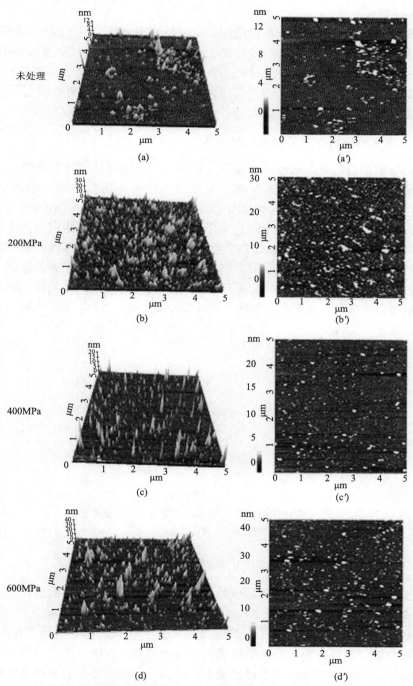

图 3.27 不同压力处理孜然分离蛋白的 3D［(a)～(d)］和正面［(a′)～(d′)］原子力图对比

6) zeta 电位

超高压处理以后，孜然分离蛋白的 zeta 电位逐渐降低，但不同压力处理间的差异并不明显。常压下孜然分离蛋白的 zeta 电位为–20.33mV，200MPa、400MPa 和 600MPa 处理后孜然分离蛋白的电位分别为–19.47mV、–19.93mV 和–20.23mV。这可能是由于超高压处理过程中蛋白质分子发生了部分聚集，进而引起蛋白静电荷数量发生变化。

2. 超高压对孜然分离蛋白表面疏水活性的影响

孜然分离蛋白的表面疏水活性受压力影响显著，随着处理压力的增加，孜然分离蛋白的表面疏水活性逐渐升高，常压时孜然分离蛋白的表面疏水活性为343.35，当压力升到 200MPa、400MPa 和 600MPa 时，孜然分离蛋白的表面疏水活性分别达到 442.09、824.94 和 906.22，如图 3.28 所示。孜然分离蛋白表面疏水活性的增加可能是由于高压处理导致蛋白质展开和部分变性，进而引起蛋白质中更多疏水基团被暴露出来。超高压处理可以有效地破坏保持蛋白质折叠结构的氢键，也会促进蛋白质结构的展开（Hayakawa et al.，1996）。此外，超高压处理会引起大豆蛋白、芸豆蛋白等蛋白质表面疏水活性的增加（Wang et al.，2008；Yin et al.，2008）。

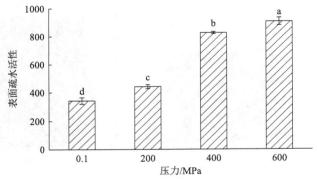

图 3.28　超高压处理前后孜然分离蛋白的表面疏水活性
不同字母代表有显著性差异（$P<0.05$）

3. 超高压对孜然分离蛋白溶解度的影响

经 200MPa 和 400MPa 处理后孜然分离蛋白的溶解度降低，而当处理压力达到 600MPa 时，溶解度又有所升高，如图 3.29 所示。200MPa 和 400MPa 处理使蛋白溶解度降低可能是因为压力处理使蛋白质发生聚集，而更高压力（600MPa）处理使蛋白溶解度提高则可能是新形成的蛋白质聚集物在更高压力处理下再次被解离造成的。200～600MPa 的处理也使羽扇豆蛋白和腰果蛋白的溶解度逐渐降低（Chapleau and De Lamballerie-Anton，2003；Qin et al.，2013）。Peyrano 等（2016）

发现，在处理压力为 200MPa 和 400MPa 时豇豆蛋白的溶解度有所降低，而当压力升至 600MPa 时蛋白溶解度又有所增加。而在较低的压力处理下蛋白溶解度有所升高，原因可能在于蛋白质中存在的部分不溶性聚集物受压后被解离成较小分子质量的蛋白质(Yin et al.，2008)。

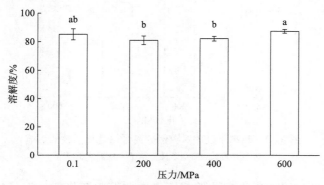

图 3.29 超高压对孜然分离蛋白溶解度的影响

不同字母代表有显著性差异($P<0.05$)

4. 超高压对孜然分离蛋白乳化特性的影响

1)乳化活性和乳化稳定性

超高压处理可以直接影响蛋白质的乳化活性，如图 3.30 所示。当孜然分离蛋白浓度为 1%(W/V)、油相体积分数为 25%时，超高压处理后孜然分离蛋白的乳化活性会降低，且随着处理压力的增加，孜然分离蛋白的乳化活性降低越明显。在处理压力为 400MPa 和 600MPa 时，孜然分离蛋白的结构发生显著变化，孜然分离蛋白的乳化活性迅速降低，但二者间没有显著差异。与本书的研究结果不同，超高压处理可以显著提高银杏蛋白的乳化活性(Zhou et al.，2016)，对于大豆蛋白(Wang et al.，2008)、红芸豆蛋白(Yin et al.，2008)、胡桃蛋白(Qin et al.，2013)、牛血清白蛋白(De Maria et al.，2016)等蛋白，较低的超高压处理(如 200～400MPa)会导致蛋白结构发生适度展开暴露出更多的疏水基团，进而使其乳化活性得到改善，而相对较高的压力处理(如 600MPa)则会促进蛋白聚合物的形成，进而导致乳化活性逐步降低。超高压处理显著增加了银杏蛋白(Zhou et al.，2016)、红芸豆蛋白(Yin et al.，2008)、胡桃蛋白(Qin et al.，2013)、大豆蛋白(Wang et al.，2008)的表面疏水活性和内部荧光，而超高压处理只增加了孜然分离蛋白的表面疏水活性，内部荧光随压力增加而逐渐减小，这说明超高压处理可能一方面将部分疏水氨基酸暴露出来，另一方面也会将蛋白质中的色氨酸等活性基团包埋在聚合物里面(特别是 400MPa 和 600MPa 处理后)，进而导致孜然分离蛋白乳化活性降低。

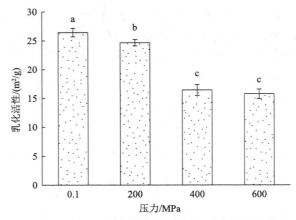

图 3.30　超高压处理对孜然分离蛋白乳化活性的影响

不同字母代表有显著性差异（$P < 0.05$）；下同

　　孜然分离蛋白的乳化稳定性随着压力增加而逐渐降低，但经过 400MPa 和 600MPa 处理后的孜然分离蛋白的乳化稳定性并没有显著差异，如图 3.31 所示。蛋白聚合而导致其分子柔性的降低可能是蛋白乳化稳定性降低的主要原因（Kato and Nakai，1980）。类似的研究结果在胡桃蛋白（Qin et al.，2013）和大豆蛋白（Wang et al.，2008）上也有所发现，这可能归因于蛋白聚合产生不利于乳化液稳定的作用超过因疏水活性增加促进乳化液稳定的积极作用。超高压处理对蛋白乳化特性的影响程度受处理压力、时间、蛋白浓度、pH 及蛋白种类的不同而有所不同（Molina et al.，2001；Wang et al.，2008；De Maria et al.，2016）。

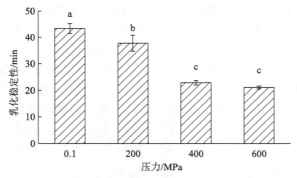

图 3.31　超高压处理对孜然分离蛋白乳化稳定性的影响

　　2）乳化液颗粒大小及分布

　　从超高压处理前后孜然分离蛋白乳化液粒径分布图（图 3.32）中可以看出，孜然分离蛋白乳化液显示出两个波峰，其中孜然分离蛋白乳化液在粒径较小区域（<10μm）分布的比例随处理压力的增加而逐渐减小，而在粒径较大的区域（10～

100μm)则逐渐增加，特别是经过 400MPa 和 600MPa 处理的蛋白分布变化幅度较大。根据乳化液液滴粒径的分布情况可以计算出乳化液滴的大小，超高压处理对孜然分离蛋白乳化颗粒大小的影响与乳化活性的变化呈相反的趋势，孜然分离蛋白乳化液的粒径随着压力的升高而逐渐增加，在 400MPa 和 600MPa 时最高，但二者之间没有显著差异，见图 3.33。在常压时孜然分离蛋白乳化液的粒径为 8.56μm，加压到 200MPa、400MPa 和 600MPa 后，其粒径增加至为 9.87μm、13.31μm 和 13.28μm。

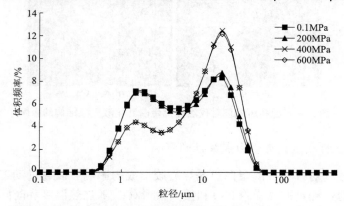

图 3.32　超高压处理对孜然分离蛋白乳化液粒径分布的影响

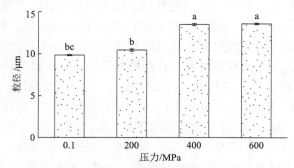

图 3.33　超高压处理对孜然分离蛋白乳化液粒径的影响

不同字母代表有显著性差异($P<0.05$)

　　从超高压处理前后孜然分离蛋白乳化液显微图(图 3.34)中也可以看出，超高压处理以后孜然分离蛋白乳化液颗粒的变化趋势。未处理的孜然分离蛋白乳化液乳化颗粒较小，一部分以个体单独分布，其余的呈聚集状态。超高压处理后，孜然分离蛋白乳化液呈现不同的分布状态，200MPa 的液滴聚集的相对较多，但单独液滴相对较少，虽有些大颗粒但比例较少，而在 400MPa 和 600MPa 处理的样品中液滴聚集的相对较少，而较大单独液滴的比例增加，这是蛋白乳化活性降低的直接结果。

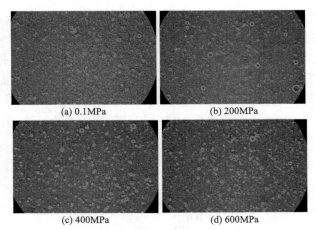

(a) 0.1MPa　　　　　　　　(b) 200MPa

(c) 400MPa　　　　　　　　(d) 600MPa

图 3.34　超高压处理对孜然分离蛋白乳化液显微结构的影响

5. 超高压对孜然分离蛋白成胶性的影响

超高压处理对孜然分离蛋白热诱导凝胶形成的影响可以通过动态振荡测试进行研究，并通过测定贮藏模量(G')和损失模量(G'')随加热温度和时间的变化来进行监测，见图 3.35。G'的是凝胶结构的弹性指标，代表结构的强度，有助于凝胶三维网络结构的形成，而 G''的是黏度指标，代表不利于凝胶三维网络结构形成的相互作用(Arogundade et al.,2012)。超高压处理显著地影响孜然分离蛋白 G'和 G''，在加热过程中未加压处理孜然分离蛋白的 G'和 G''在 80.6℃开始迅速增加，这个温度是孜然分离蛋白开始由液态向固态转变的温度，一般可以认为是初始凝胶温度(T_{gel})，这个点一般是处于 G'和 G''交叉的点，在这个点之后 G'和 G''的数值开始显著升高。超高压处理后的孜然分离蛋白的 T_{gel} 开始降低，未加压时孜然分离蛋白的 T_{gel} 为 80.6℃，200MPa 处理对其影响不大，而当压力升至 400MPa 和 600MPa 后，孜然分离蛋白的 T_{gel} 降至 70.9℃和 68.5℃，这说明超高压处理后的孜然分离蛋白更容易受热形成凝胶。当加热温度超过 T_{gel} 时，孜然分离蛋白的 G'和 G''开始逐渐增加，这可能是因为在加热过程中蛋白发生变性使蛋白结构展开而促使深埋在蛋白分子内部的疏水基团暴露，大量疏水基团的交互作用及二硫键的形成促进了凝胶结构的形成，随着温度的升高而使凝胶结构不断强化，进而导致 G'不断增加。在温度从 95℃冷却到 25℃的过程中，G'和 G''迅速增加并在 25℃时达到最大值，这可能归因于冷却过程中蛋白分子间范德瓦尔斯力及氢键等的形成和凝胶稳定性的增加(Speroni et al.，2009；Arogundade et al.，2012)。在加热和冷却循环过程中，加压处理后孜然分离蛋白的 G'和 G''都高于未处理的孜然分离蛋白，这可能因为加压处理使孜然分离蛋白中更多疏水基团暴露出来及更多二硫键的形成。超高压处理对蛋白热诱导凝胶形成的影响还因蛋白种类及蛋白浓度的不同而存在较大差异。超高压处理会降低大豆蛋白热诱导凝胶形成过程中的 G'（Speroni et al.，2009），与未处理样品相比，蛋白浓度为 3% 和 5% 的大豆蛋白经超高压处理后，其热处理过程中的 G' 都有所降低，然而 G' 受压力影响的变化趋势却不尽相同。3% 大豆蛋白受 600MPa 处理后显示与未处理蛋白具有类似的凝胶谱图，而 5% 大豆蛋白受 600MPa 处理后其成胶能力却显著降低（Wang et al.，2008）。

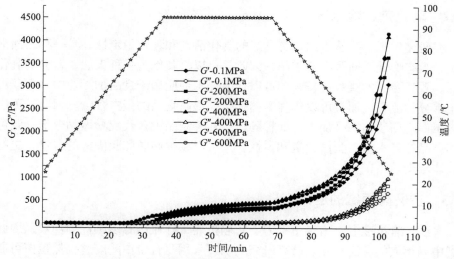

图 3.35　超高压处理对孜然分离蛋白热诱导成胶性的影响

3.4　孜然蛋白的应用

　　蛋白质作为人体组成及代谢的基础物质，是人们膳食结构中不可缺少的组成成分。孜然蛋白氨基酸种类丰富且具有良好的抗氧化活性等，是一种优质植物蛋白质，因此，可以广泛应用在食品加工领域中。多肽是一种比蛋白质结构更加简单、分子质量更小、由不同氨基酸片段组成的小分子化合物，因其比蛋白质更易于消化，且具有抗癌、抗氧化、降血压、抗衰老、增强免疫调节等作用而受到人们越来越多的关注。

3.4.1　食用蛋白粉

　　天然的孜然蛋白消化率较低，富含的营养成分不易被人体吸收，难以发挥其营养功效（Siow et al.，2017），若将其进行加热处理，例如，可将孜然蛋白浆液经过喷雾干燥等熟化方法制成蛋白粉，孜然蛋白会发生热变性，进而能够被人体消化吸收，可见，孜然蛋白是一种优质的食用蛋白质来源。此外，加热后的孜然蛋白质粉可以作为一种蛋白质补充剂和食品加工辅料，添加到馒头、面包、面条、饼干、蛋糕、大米饼等多种面制食品中，不仅可以增加原有食品中蛋白质的含量，而且可以改善面团在发酵过程中的持气能力，从而改善面制食品的口感和色泽，增加弹性和柔软度，延缓老化速率，增加面条、方便面等食品的耐煮性，减少断条率。

3.4.2　乳化剂、保水剂

经研究发现，孜然蛋白具有良好的乳化活性和乳化稳定性，是一种表面活性物质，具有降低表面张力的作用，因此，可以将其作为一种天然、营养的乳化剂来源。孜然蛋白的凝胶性较好，可以作为保水剂应用于食品加工业中，不仅可以防止水分的流失，而且可以作为营养强化剂提高食品的蛋白含量。因此，可以将孜然蛋白应用于肉制品加工，如香肠、肉丸等制品中替代淀粉做黏合剂，既可以增加产品的含水量、蛋白含量和弹性，又可以减少脂肪和胆固醇的含量，更有益于人体健康。

3.4.3　在医药领域的应用

多肽具有抗衰老、增强免疫力、防癌抗癌、降血压等多种保健功效，因此会受到中老年人的广泛青睐。已有研究表明，采用复合蛋白酶酶解孜然蛋白可制备含有不同氨基酸序列的孜然多肽，且孜然多肽具有 α-淀粉酶抑制活性、胰脂肪酶抑制活性、胆汁酸吸附能力、抗氧化活性等生物活性。因此，可以将孜然蛋白作为制备生物活性肽的天然的、良好的原料，将孜然蛋白进行酶解，生产含有不同氨基酸片段的孜然多肽，并利用孜然蛋白多肽研制出不同风味功能的固体多肽饮料，进一步开发成适合运动员及脑力劳动者的食品，如蛋白质强化食品和能量补给饮品等(蒋文强和孙显慧，2004；姚小飞和石慧，2009)。

参 考 文 献

姜梅，董明盛，芮昕，等. 2013. 高压均质和热处理对豆乳蛋白质溶解性的影响. 食品科学，34(21): 125-130.

蒋文强，孙显慧. 2004. 大豆多肽的功能特性及其开发应用. 粮油加工与食品机械，(7): 39-42.

李娜，李向红，刘永乐，等. 2014. 提取方法对米谷蛋白分子理化性质的影响. 食品科学，35(3): 43-46.

刘敬科，张玉宗，刘莹莹，等. 2014. 谷子蛋白组分分析研究. 食品与机械，(6): 39-42.

马梦梅，木泰华，孙红男，等. 2013. 孜然特征性成分，功能性营养成分分析及生物活性的研究进展. 食品工业科技，34(19): 378-383.

王富兰, 孙涛, 陈贺, 等. 2011. 孜然芹种子醇溶蛋白超高压液相色谱分离方法初探. 种子科技, 29(5): 28-31.

王富兰, 郑伟华, 阿扎提, 等. 2009. 孜然芹种子贮藏蛋白的含量测定和电泳分析. 种子科技, 27(6): 26-28.

王文军, 景新明. 2005. 种子蛋白质与蛋白质组的研究. 植物学报, 22 (3): 257-266.

谢蓝华, 杜冰, 张嘉怡, 等. 2012. 不同提取方法对茶渣蛋白功能特性的影响. 食品工业科技, 33(21): 130-133.

姚小飞, 石慧. 2009. 大豆多肽的功能特性及其开发应用进展. 中国食物与营养, (7): 21-24.

Achouri A, Boye J I. 2013. Thermal processing, salt and high pressure treatment effects on molecular structure and antigenicity of sesame protein isolate. Food Research International, 53 (1): 240-251.

Achouri A, Nail V, Boye J I. 2012. Sesame protein isolate: fractionation, secondary structure and functional properties. Food Research International, 46 (1): 360-369.

Adebiyi A P, Aluko R E. 2011. Functional properties of protein fractions obtained from commercial yellow field pea (*Pisum sativum* L.) seed protein isolate. Food Chemistry, 128 (4): 902-908.

Adebowale Y, Adeyemi I, Oshodi A, et al. 2007. Isolation, fractionation and characterisation of proteins from Mucuna bean. Food Chemistry, 104 (1): 287-299.

Alu'datt, M H, Ereifej K, Abu-Zaiton A, et al. 2011. Antioxidant, antidiabetic, and anti-hypertensive effects of extracted phenolics and hydrolyzed peptides from barley protein fractions. International Journal of Food Properties, 15 (4): 781-795.

Amadou I, Olasunkanmi S, Sh G, et al. 2010. Identification of antioxidative peptides from Lactobacillus plantarum Lp6 fermented soybean protein meal. Research Journal of Microbiology, 5(5): 372-380.

Arntfield S D, Murray E D. 1987. Use of intrinsic fluorescence to, follow the denaturation of vicilin, a storage protein from Vicia faba. International Journal of Protein and Peptide Research, 29: 9-20.

Arogundade L A, Mu T, Akinhanmi T F. 2016. Structural, physicochemical and interfacial stabilisation properties of ultrafiltered African yam bean (*Sphenostylis stenocarpa*) protein isolate compared with those of isoelectric protein isolate. LWT - Food Science and Technology, 69: 400-408.

Arogundade L A, Mu T H, Añón M C. 2012. Heat-induced gelation properties of isoelectric and ultrafiltered sweet potato protein isolate and their gel microstructure. Food Research International, 49 (1): 216-225.

Arogundade L A, Tshay M, Shumey D et al. 2006. Effect of ionic strength and/or pH on extractability and physico-functional characterization of broad bean (*Vicia faba* L.) protein concentrate. Food Hydrocolloids, 20 (8): 1124-1134.

Atamas N, Bardik V, Bannikova A, et al. 2017. The effect of water dynamics on conformation changes of albumin in predenaturation state: photon correlation spectroscopy and simulation. Journal of Molecular Liquids, 235: 17-23.

Badr F H, Georgiev E V. 1990. Amino acid composition of cumin seed (*Cuminum cyminum* L.). Food Chemistry, 38 (4): 273-278.

Baier A K, Knorr D. 2015. Influence of high isostatic pressure on structural and functional characteristics of potato protein. Food Research International, 77: 753-761.

Barac M B, Pesic M B, Stanojevic S P, et al. 2014. Comparative study of the functional properties of three legume seed isolates: adzuki, pea and soy bean. Journal of Food Science and Technology, 52 (5): 2779-2787.

Branda H, Asim E. 1981. Heterogeneity of soybean seed proteins one-dimensional electrophoretic profiles of six different solubility fractions. Journal Agriculture of Food Chemistry, 29 (3): 497-501.

Chang C, Tu S, Ghosh S, et al. 2015. Effect of pH on the inter-relationships between the physicochemical, interfacial and emulsifying properties for pea, soy, lentil and canola protein isolates. Food Research International, 77: 360-367.

Chapleau N, De Lamballerie-Anton M. 2003. Improvement of emulsifying properties of lupin proteins by high pressure induced aggregation. Food Hydrocolloids, 17 (3): 273-280.

Chavan U D, McKenzie D B, Shahidi F. 2001. Functional properties of protein isolates from beach pea (*Lathyrus maritimus* L.). Food Chemistry, 74 (2): 177-187.

Chen J, Mu T, Zhang M, et al. 2018. Structure, physicochemical, and functional properties of protein isolates and major fractions from cumin (*Cuminum cyminum*) seeds. International Journal of Food Properties, 21 (1): 685-701.

Cheung L, Wanasundara J, Nickerson M T. 2014. The effect of pH and NaCl levels on the physicochemical and emulsifying properties of a cruciferin protein isolate. Food Biophysics, 9 (2): 105-113.

Condés M C, Añón M C, Mauri A N. 2015. Amaranth protein films prepared with high-pressure treated proteins. Journal of Food Engineering, 166: 38-44.

De Maria S, Ferrari G, Maresca P. 2016. Effects of high hydrostatic pressure on the conformational structure and the functional properties of bovine serum albumin. Innovative Food Science and Emerging Technologies, 33: 67-75.

Denmat M L, Anton M, Gandemer G. 1999. Protein denaturation and emulsifying properties of plasma and granules of egg yolk as related to heat treatment. Journal of Food Science, 64 (2): 194-197.

Diftis N, Kiosseoglou V. 2003. Improvement of emulsifying properties of soybean protein isolate by conjugation with carboxymethyl cellulose. Food Chemistry, 81 (1): 1-6.

Du Y, Jiang Y, Zhu X, et al. 2012. Physicochemical and functional properties of the protein isolate and major fractions prepared from *Akebia trifoliata* var. australis seed. Food Chemistry, 133 (3): 923-929.

El Nasri N A, El Tinay A H. 2007. Functional properties of fenugreek (*Trigonella foenum graecum*) protein concentrate. Food Chemistry, 103 (2): 582-589.

Gazzola D, Vincenzi S, Gastaldon L, et al. 2014. The proteins of the grape (*Vitis vinifera* L.) seed endosperm: fractionation and identification of the major components. Food Chemistry, 155: 132-139.

Guo F, Xiong Y, Qin F, et al. 2015. Surface properties of heat-induced soluble soy protein aggregates of different molecular masses. Journal of Food Science, 80 (2): C279-C287.

Hayakawa I, Linko Y Y, Linko P. 1996. Mechanism of high pressure denaturation of proteins. LWT-Food Science and Technology, 29 (8): 756-762.

He R, He H Y, Chao D, et al. 2014. Effects of high pressure and heat treatments on physicochemical and gelation properties of rapeseed protein isolate. Food and Bioprocess Technology, 7 (5): 1344-1353.

Jahaniaval F, Kakuda Y, Abraham V, et al. 2000. Soluble protein fractions from pH and heat treated sodium caseinate: physicochemical and functional properties. Food Research International, 33 (8): 637-647.

Jarpa-Parra M, Bamdad F, Wang Y, et al. 2014. Optimization of lentil protein extraction and the influence of process pH on protein structure and functionality. LWT-Food Science and Technology, 57 (2): 461-469.

Kato A, Nakai S. 1980. Hydrophobicity determined by a fluorescence probe method and its correlation with surface properties of proteins. Biochimica et Biophysica Acta (BBA)-Protein Structure, 624 (1): 13-20.

Keeratiurai M, Corredig M. 2009. Heat-induced changes in oil-in-water emulsions stabilized with soy protein isolate. Food Hydrocolloids, 23: 2141-2148.

Khalid E, Babiker E, El Tinay A. 2003. Solubility and functional properties of sesame seed proteins as influenced by pH and/or salt concentration. Food Chemistry, 82 (3): 361-366.

Khan N M, Mu T H, Zhang M, et al. 2014. The effects of pH and high hydrostatic pressure on the physicochemical properties of a sweet potato protein emulsion. International Journal of Food Science and Technology, 35: 209-216.

Khan N M, Mu T H, Zhang M, et al. 2013. Effects of high hydrostatic pressure on the physicochemical and emulsifying properties of sweet potato protein. Food Chemistry, 48 (6): 1260-1268.

Lam R S H, Nickerson M T. 2014. The effect of pH and heat pre-treatments on the physicochemical and emulsifying properties of β-lactoglobulin. Food Biophysics, 9 (1): 20-28.

Li F, Kong X, Zhang C, et al. 2011. Effect of heat treatment on the properties of soy protein-stabilised emulsions. International Journal of Food Science and Technology, 46 (8): 1554-1560.

Liang Y, Matia-Merino L, Patel H, et al. 2014. Effect of sugar type and concentration on the heat coagulation of oil-in-water emulsions stabilized by milk-protein-concentrate. Food Hydrocolloids, 41: 332-342.

Liu F, Tang C H. 2013. Soy protein nanoparticle aggregates as pickering stabilizers for oil-in-water emulsions. Journal of Agricultural and Food Chemistry, 61 (37): 8888-8898.

Liu S, Elmer C, Low N H, et al. 2010. Effect of pH on the functional behaviour of pea protein isolate-gum Arabic complexes. Food Research International, 43 (2): 489-495.

Malomo S A, Aluko R E. 2015. A comparative study of the structural and functional properties of isolated hemp seed (*Cannabis sativa* L.) albumin and globulin fractions. Food Hydrocolloids, 43: 743-752.

Manderson G A, Creamer L K, Hardman M J. 1999. Effect of heat treatment on the circular dichroism spectra of bovine β-lactoglobulin A, B, and C. Journal of Agricultural and Food Chemistry, 47: 4557-4567.

Messens W, Van Camp J, Huyghebaert A. 1997. The use of high pressure to modify the functionality of food proteins. Trends in Food Science & Technology, 8: 107-112.

McClements D J. 2004. Protein-stabilized emulsions. Current Opinion in Colloid and Interface Science, 9: 305-313.

Milan K S M, Dholakia H, Tiku P K, et al. 2008. Enhancement of digestive enzymatic activity by cumin (*Cuminum cyminum* L.) and role of spent cumin as a bionutrient. Food Chemistry, 110 (3): 678-683.

Molina E, Papadopoulou A, Ledward D. 2001. Emulsifying properties of high pressure treated soy protein isolate and 7S and 11S globulins. Food Hydrocolloids, 15 (3): 263-269.

Mu T H, Tan S S, Xue Y L, et al. 2009. The amino acid composition, solubility and emulsifying properties of sweet potato protein. Food Chemistry, 112 (4): 1002-1005.

Mundi S, Aluko R E. 2013. Effects of NaCl and pH on the structural conformations of kidney bean vicilin. Food Chemistry, 139: 624-630.

Ogunwolu S O, Henshaw F O, Mock H P, et al. 2009. Functional properties of protein concentrates and isolates produced from cashew (*Anacardium occidentale* L.) nut. Food Chemistry, 115 (3): 852-858.

Osborne T B. 1924. The Vegetable Proteins. London: Green & Co.

Peng W, Kong X, Chen Y, et al. 2016. Effects of heat treatment on the emulsifying properties of pea proteins. Food Hydrocolloids, 52: 301-310.

Petruccelli S, Añón M C. 1995. Thermal aggregation of soy protein isolates. Journal of Agricultural and Food Chemistry, 43 (12): 3035-3041.

Peyrano F, Speroni F, Avanza M V. 2016. Physicochemical and functional properties of cowpea protein isolates treated with temperature or high hydrostatic pressure. Innovative Food Science & Emerging Technologies, 33: 38-46.

Przybycien T M, Bailey J E. 1991. Secondary structure perturbations in salt-induced protein precipitates. Biochimica et Biophysica Acta (BBA)/Protein Structure and Molecular, 1076 (1): 103-111.

Puppo C, Chapleau N, Speroni F, et al. 2004. Physicochemical modifications of high-pressure-treated soybean protein isolates. Journal of Agricultural and Food Chemistry, 52: 1564-1571.

Puppo M C, Speroni F, Chapleau N, et al. 2005. Effect of high-pressure treatment on emulsifying properties of soybean proteins. Food Hydrocolloids, 19 (2): 289-296.

Qin Z, Guo X, Lin Y, et al. 2013. Effects of high hydrostatic pressure on physicochemical and functional properties of walnut (*Juglans regia* L.) protein isolate. Journal of the Science of Food and Agriculture, 93 (5): 1105-1111.

Ragab D M, Babiker E E, Eltinay A H. 2004. Fractionation, solubility and functional properties of cowpea (*Vigna unguiculata*) proteins as affected by pH and/or salt concentration. Food Chemistry, 84 (2): 207-212.

Sarmadi B H, Ismail A. 2010. Antioxidative peptides from food proteins: a review. Peptides, 31: 1949-1956.

Shevkani K, Singh N, Kaur A, et al. 2015. Structural and functional characterization of kidney bean and field pea protein isolates: a comparative study. Food Hydrocolloids, 43 (3): 679-689.

Siow H L, Gan C Y. 2014. Functional protein from cumin seed (*Cuminum cyminum*): optimization and characterization studies. Food Hydrocolloids, 41: 178-187.

Siow H L, Gan C Y. 2016. Extraction, identification, and structure-activity relationship of antioxidative and α-amylase inhibitory peptides from cumin seeds (*Cuminum cyminum*). Journal of Functional Foods, 22: 1-12.

Siow H L, Lim T S, Gan C Y. 2017. Development of a workflow for screening and identification of α-amylase inhibitory peptides from food source using an integrated Bioinformatics-phage display approach: case study-cumin seed. Food Chemistry, 214: 67-76.

Speroni F, Beaumal V, De Lamballerie M, et al. 2009. Gelation of soybean proteins induced by sequential high-pressureand thermaltreatments. Food Hydrocolloids, 23: 1433-1442.

Tang C H, Ma C Y. 2009. Heat-induced modifications in the functional and structural properties of vicilin-rich protein isolate from kidney (*Phaseolus vulgaris* L.) bean. Food Chemistry, 115 (3): 859-866.

Tang C H, Wang X Y. 2010. Physicochemical and structural characterisation of globulin and albumin from common buckwheat (*Fagopyrum esculentum* Moench) seeds. Food Chemistry, 121 (1): 119-126.

Thaiphanit S, Anprung P. 2016. Physicochemical and emulsion properties of edible protein concentrate from coconut (*Cocos nucifera* L.) processing by-products and the in fluence of heat treatment. Food hydrocolloids, 52: 756-765.

Wang J M, Xia N, Yang X Q, et al. 2012. Adsorption and dilatational rheology of heat-treated soy protein at the oil-water interface: relationship to structural properties. Journal of Agricultural and Food Chemistry, 60 (12): 3302-3310.

Wang X S, Tang C H, Li B S, et al. 2008. Effects of high-pressure treatment on some physicochemical and functional properties of soy protein isolates. Food Hydrocolloids, 22 (4): 560-567.

Wani I A, Sogi D S, Gill B S. 2015. Physico-chemical and functional properties of native and hydrolysed protein isolates from Indian black gram (*Phaseolus mungo* L.) cultivars. LWT-Food Science and Technology, 60 (2): 848-854.

Yang C, Wang Y, Vasanthan T, et al. 2014. Impacts of pH and heating temperature on formation mechanisms and properties of thermally induced canola protein gels. Food Hydrocolloids, 40: 225-236.

Yang J T, Wu C C, Martinez H M. 1986. Calculation of protein conformation from circular dichroism. Methods in Enzymology, 130: 208-269.

Yang X, Foegeding E A. 2010. Effects of sucrose on egg white protein and whey protein isolate foams: factors determining properties of wet and dry foams (cakes). Food Hydrocolloids, 24 (2-3): 227-238.

Yin S W, Tang C H, Wen Q B, et al. 2008. Functional properties and *in vitro* trypsin digestibility of red kidney bean (*Phaseolus vulgaris* L.) protein isolate: effect of high-pressure treatment. Food Chemistry, 110 (4): 938-945.

Yin S W, Tang C H, Wen Q B, et al. 2011a. Surface charge and conformational properties of phaseolin, the major globulin in red kidney bean (*Phaseolus vulgaris* L.): effect of pH. International Journal of Food Science and Technology, 91 (1): 94-99.

Yin S W, Tang C H, Yang X Q, et al. 2011b. Conformational study of red kidney bean (*Phaseolus vulgaris* L.) protein isolate (KPI) by tryptophan fluorescence and differential scanning calorimetry. Journal of Agricultural and Food Chemistry, 59 (1): 241-248.

Yuliana M, Truong C T, Huynh L H, et al. 2014. Isolation and characterization of protein isolated from defatted cashew nut shell: influence of pH and NaCl on solubility and functional properties. LWT - Food Science and Technology, 55 (2): 621-626.

Zaman U, Abbasi A. 2009. Isolation, purification and characterization of a nonspecific lipid transfer protein from *Cuminum cyminum*. Phytochemistry, 70(8): 979-987.

Zhang B, Guo X, Zhu K, et al. 2015. Improvement of emulsifying properties of oat protein isolate-dextran conjugates by glycation. Carbohydrate Polymers, 127: 168-175.

Zhang H, Li L, Tatsumi E, et al. 2003. Influence of high pressure on conformational changes of soybean glycinin. Innovative Food Science and Emerging Technologies, 4: 269-275.

Zhang J B, Wu N N, Yang X Q, et al. 2012. Improvement of emulsifying properties of Maillard reaction products from β-conglycinin and dextran using controlled enzymatic hydrolysis. Food Hydrocolloids, 28(2): 301-312.

Zhang T, Jiang B, Mu W, et al. 2009. Emulsifying properties of chickpea protein isolates: influence of pH and NaCl. Food Hydrocolloids, 23(1): 146-152.

Zhou H, Wang C, Ye J, et al. 2016. Effects of high hydrostatic pressure treatment on structural, allergenicity, and functional properties of proteins from ginkgo seeds. Innovative Food Science & Emerging Technologies, 34: 187-195.

Zhu S M, Lin S L, Ramaswamy H S, et al. 2017. Enhancement of functional properties of rice bran proteins by high pressure treatment and their correlation with surface hydrophobicity. Food and Bioprocess Technology, (2): 317-327.

第4章 孜然多酚和黄酮类物质

孜然根、茎、叶、花及种子均含有的一定的多酚类物质,含量为 11.80～19.20mg 没食子酸当量(GAE)/g。多酚类物质具有抗氧化、降血压、降脂保肝、免疫调节等多种药理活性,其高效提取、分离技术研究具有良好的产业化前景。

4.1 孜然多酚类物质的研究进展

国内外已有部分学者对孜然多酚类物质进行了研究,主要集中在成分测定、分离纯化及生物活性研究方面。

4.1.1 孜然多酚类物质的提取及纯化

Ani 等(2006)采用 HPLC 对孜然的多酚粗提液进行纯化分离,并采用 LC-MS 鉴定出孜然中的酚酸和黄酮类物质主要为没食子酸、原儿茶酸、咖啡酸、鞣花酸、阿魏酸、槲皮素和山柰酚。Moghaddam 等(2015)从四个不同成熟度的孜然籽粒(幼果:孜然籽粒形成的初始阶段,绿色果实;中期阶段:果实形成的中间时期,有蜡质和较硬的外壳;预成熟果实;完全成熟的干燥籽粒)中提取精油,并测定其总酚含量,结果显示,中期阶段和预成熟孜然籽粒中提取精油的总酚含量较高,分别为 40.00mg GAE/g 精油和 36.86mg GAE/g 精油,其次是完全成熟的孜然籽粒,总酚含量为 30.00mg GAE/g 精油,幼果中提取孜然精油的总酚含量最低,为 25.52mg GAE/g 精油,该结果可为获得高得率和高活性孜然精油提供一定的理论参考。王卓等(2016)以新疆孜然为原料,采用超声波辅助浸提法优化孜然多酚提取的工艺条件,并采用福林-酚法测定多酚含量,通过单因素试验、响应面试验,考察了乙醇浓度、料液比、超声时间和超声温度对孜然多酚含量的影响,通过方差分析对提取过程显著影响多酚含量的因素进行统计分析,结果表明,孜然多酚提取的最佳工艺条件为:乙醇浓度 70%、料液比 1:20、超声温度 60℃、超声时间 60min,在该条件下,孜然多酚的实测含量为 13.8mg/g,与预测值相差约 4.5%,比回流提取法含量测定提高了 139%,这说明通过响应面优化可较大幅度地提高孜然多酚的含量。

4.1.2　孜然黄酮类物质的提取及纯化

刘宏炳和吴皓东(2009)用分光光度法测定了市售孜然粉中的黄酮类物质的成分，并对其结果进行了分析，从而对孜然粉质量进行控制，结果表明，采用分光光度法测定孜然粉中黄酮类成分含量，在波长为(510±2)nm 时，浓度与吸光度呈良好线性关系，该法简便易行、快速准确，可作为市售孜然粉中黄酮类成分的含量测定方法。吴素玲等(2011)采用分光光度法对不同产地孜然中的黄酮成分进行分析，结果表明，黄酮含量为 4.15%～5.75%，其中托克逊、甘肃金塔、巴依阿瓦提乡所产孜然的黄酮含量超过 5.00%。随后，吴素玲等(2012)利用高速逆流色谱法分离制备了孜然中的黄酮类成分，以氯仿：甲醇：水=4：4：2(体积比)为两相溶剂系统，在主机转速为 850r/min、流速 1.8mL/min、检测波长 254nm 条件下进行分离制备，所得分离收集液经高效液相色谱法检测，结果表明，从孜然黄酮粗提物中分离得到了纯度超过 90%的两种黄酮类成分，经干燥得样品质量分别为 26mg 和 24mg，这为孜然黄酮的进一步定性和结构鉴定提供一定的帮助。杨艳等(2011)采用微波法提取孜然总黄酮并采用大孔树脂对总黄酮进行纯化和富集，结果表明，孜然黄酮的提取率最大可至 3.88%，采用大孔树脂(D-160 型)进一步纯化孜然黄酮，分离产物中黄酮纯度可达 67.88%。李治龙等(2012)采用超声波辅助乙醇法提取孜然黄酮粗提液，然后采用大孔树脂 XDA-8 研究其对孜然黄酮的静态和动态吸附性能，并考察吸附剂用量、粗提液浓度、pH、吸附时间等因素对吸附结果的影响，研究发现，XDA-8 对孜然黄酮具有较好的吸附性能，静态吸附的最佳条件为：黄酮浓度 0.4mg/mL，树脂用量和提取液之比 1g：20mL，pH 6，吸附时间 50min，70%乙醇洗脱，在此条件下吸附率达到 84.32%，洗脱率达到 85.77%；动态吸附的最佳条件为：上样流速 3mL/min，上样浓度 0.3mg/mL，pH 约为 6，径高比 1：15，70%乙醇洗脱液用量 80mL，在此条件下黄酮的吸附率为 74.47%，洗脱率为 76.96%，这说明 XDA-8 较适合分离纯化孜然总黄酮。卢帅等(2013)以新疆产孜然原料为研究对象，采用单因素试验和正交试验探讨了超声波法提取孜然黄酮的最佳工艺，结果显示，在 70%乙醇浓度、料液比 1：35、超声提取时间 80min、超声提取功率 125W 条件下，孜然中总黄酮的含量为 5.543mg/g，且影响总黄酮提取率各因素主次为：超声功率＞料液比＞溶剂浓度＞提取时间。

4.1.3　孜然多酚类物质的生物活性

目前，国内外学者对孜然多酚类物质的生物活性研究得不多，主要集中在抗氧化活性方面。石雪萍等(2011)以 20 种香辛料为研究对象，分析了抗氧化活性与多酚和黄酮的相关性，结果发现，孜然中多酚和黄酮含量分别为 0.91mg/g 和 4.93mg/g，DPPH 自由基清除活性为 16%，高于辣椒和胡椒，且大部分食用辛香料具有一定的抗氧化活性，其中花椒抗氧化性最强，其次是丁香、桂皮、香叶、良姜；分别采用铝盐显色法和福林-酚法测定样品的总黄酮和总酚含量，并与抗氧化性做相关性分析，结果表明，辛香料的抗氧化性与黄酮和多酚具有一定的相关性，其中与黄酮的相关性最大（$R^2 = 0.8111$）。

4.1.4　孜然黄酮类物质的生物活性

卢帅等（2013）分析了超声波法提取黄酮的抗氧化活性，结果显示，孜然总黄酮提取物能够有效清除 DPPH 自由基，IC_{50} 值为 0.109mg/mL，其显著高于维生素 C 的 DPPH 自由基清除活性（$IC_{50}=0.036mg/mL$），具有较好的抗氧化活性和还原能力。

4.2　孜然多酚和黄酮类物质的应用

4.2.1　在食品领域的应用

植物多酚常作为天然的食品添加剂应用于食品加工业中，可以起到抗氧化、防腐和澄清果汁饮料等作用。此外，由于植物多酚是从天然产物中提取得到的，与人工合成的抗氧化剂相比，更受消费者的青睐，也在食品中起着越来越重要的作用。

1. 天然抗氧化剂

经研究表明，孜然多酚和黄酮类物质具有一定的抗氧化性，如具有一定的 DPPH 自由基清除活性和亚铁离子还原力等，因此在某些食品中可以完全或部分取代目前常用的人工合成抗氧化剂。例如，在油脂和油脂含量较高的食品中添加一定量的孜然多酚或黄酮类物质，可以防止油脂的自动氧化，从而有效地避免传统人工合成的抗氧化剂可能带来的毒害作用。此外，在蛋糕、巧克力等食品的表面涂抹孜然多酚和黄酮类物质，可以有效地抑制其氧化酸败，提高食品的货架期。

2. 食品保鲜剂

多酚和黄酮类物质对多种细菌、真菌、酵母菌都有明显的抑制能力，尤其是在中性和弱酸性 pH 下对于大多数微生物具有普遍抑制能力，这对于通常呈中性或酸性的食品防腐非常有利。因此，在新鲜水果和蔬菜表面喷洒适量的孜然多酚和黄酮类物质，可以抑制细菌繁殖，起到防腐保鲜的作用；也可以将孜然多酚和黄酮类物质应用于肉类及其腌制品中，起到保质减损的作用；若应用于罐头类食品，可以对其中耐热的芽孢杆菌具有一定的抑制和杀灭作用；此外，也可以将孜然多酚和黄酮类物质应用于动植物油脂、含油脂食品、焙烤食品、糕点、乳制品、肉制品、水产品等食品，用以防腐保鲜。

3. 果汁、酒类澄清剂

孜然多酚类物质中的酚羟基能通过氢键与蛋白质的酰氨基连接后，形成复合物而聚集沉淀，同时捕集和清除其他悬浮固体。因此，可以在果酒、果汁饮料等饮品中添加适量的孜然多酚类物质和其他亲水性胶体，从而使果汁中的悬浮颗粒随之被沉淀下来而去除，达到饮品澄清的目的。

4.2.2　在医药保健领域的应用

植物多酚具有抗氧化、抗肿瘤、抗病毒、杀菌抑菌和预防心血管疾病等功效，这可能是因为植物多酚可以与生物体内的蛋白质、酶、多糖和核酸等发生相互作用而具有的(李建等，2008)。因此，可以将孜然多酚和黄酮类物质添加到保健食品中，或者将其应用于医药领域，开发降血压、降血糖、防癌抗癌等药物，产品具有广阔的市场应用前景。

4.2.3　在日用化工领域的应用

植物多酚类物质可以有效降低紫外线对人体皮肤的伤害作用，保护其不受活性氧等自由基的伤害，在防晒、护肤、润肤和护发等日用化工领域应用广泛。例如，可以将孜然多酚和黄酮类物质添加到面膜、乳液、护肤水、护发素等产品中，不仅能够促进血液循环，加速体内毒素的排出，达到祛斑祛痘等功效，还可以起到抗衰老和美容等效果。然而，目前国内外尚无关于孜然多酚和黄酮类物质应用于日用化工领域的研究报道，因此，还需要做大量的研究工作。

参 考 文 献

李健, 杨昌鹏, 李群梅, 等. 2008. 植物多酚的应用研究进展. 广西轻工业, 24(12): 1-3.

李治龙, 刘新华, 张越峰, 等. 2012. 大孔树脂 XDA-8 对孜然总黄酮吸附性能的研究. 江苏农业科学, 40(8): 264-266.

刘宏炳, 吴皓东. 2009. 分光光度法测定市售孜然粉中总黄酮含量. 中国民族民间医药杂志, (2): 1-2.

卢帅, 索菲娅, 王傲立, 等. 2013. 新疆孜然黄酮超声提取及其抗氧化作用研究. 中国农学通报, 29(27): 215-220.

石雪萍, 吴亮亮, 高鹏, 等. 2011. 20 种食用辛香料抗氧化性及其与黄酮和多酚的相关性研究. 食品科学, 32(5): 83-86.

王卓, 索菲娅, 安秀峰, 等. 2016. 响应面法优化孜然总酚含量测定的工艺条件. 食品工业科技, 37(11): 195-199.

吴素玲, 孙晓明, 张卫明, 等. 2012. 高速逆流色谱法分离制备孜然黄酮. 食品工业科技, 33(11): 215-217.

吴素玲, 张卫明, 孙晓明. 2011. 不同产地孜然风味物质和黄酮等成分分析. 中国调味品, 36(3): 96-98, 112.

杨艳, 孙晓明, 吴素玲, 等. 2011. 孜然总黄酮的提取和纯化的工艺研究. 食品工业科技, (5): 290-292.

Ani V, Varadaraj M C, Naidu K A. 2006. Antioxidant and antibacterial activities of polyphenolic compounds from bitter cumin (*Cuminum nigrum* L.). European Food Research and Technology, 224(1): 109-115.

Moghaddam M, Miran S N K, Pirbalouti A G, et al. 2015. Variation in essential oil composition and antioxidant activity of cumin (*Cuminum cyminum* L.) fruits during stages of maturity. Industrial Crops and Products, 70: 163-169.

附录 I 孜然膳食纤维产品及中试生产实例

图 1 最优工艺条件下剪切乳化辅助酶解法所得孜然膳食纤维

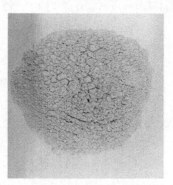

图 2 超高压-酶法改性所得孜然可溶性膳食纤维

图 3 超高压-酶解改性所得孜然不溶性膳食纤维

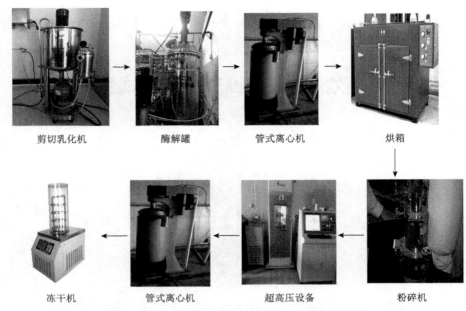

图 4　制备和改性孜然膳食纤维的中试设备流程图

附录Ⅱ 英文缩略词表

英文缩写	英文全称	中文名称
AFM	atomic force microscope	原子力显微镜
AOAC	Association of Official Analytical Chemists	美国分析化学家协会
BRI	bile acid retardation index	胆汁酸阻滞指数
CPI	cumin protein isolate	孜然分离蛋白
CRP	C react protein	C反应蛋白
$d_{4,3}$	volume mean diameter	体积平均直径
DF	dietary fiber	膳食纤维
DLS	dynamic laser scatter	动态激光散射
EAA	essential amino acid	必需氨基酸
EAI	emulsifying activity index	乳化活性
ESI	emulsifying stability index	乳化稳定性
FAO	Food and Agriculture Organization of United Nations	联合国粮食及农业组织
FFA	free fatty acid	游离脂肪酸
FTIR	Fourier transform infrared spectroscopy	傅里叶变换红外光谱
G'	storage modulus	储存模量
G''	loss modulus	损耗模量
GAC	glucose absorption capacity	葡萄糖吸收能力
GLP-1	glucagon like peptide-1	胰高血糖素样肽-1
GLUT	glucose transporter	葡萄糖转运体
H_0	surface hydrophobicity	表面疏水活性
HDL-C	high density lipoprotein cholesterol	高密度脂蛋白胆固醇
IDF	insoluble dietary fiber	不可溶性膳食纤维
IL-4	interleukin-4	白细胞介素-4
LDL-C	low density lipoprotein cholesterol	低密度脂蛋白胆固醇
NF-κB	nuclear factor kappa	核转录因子
OHC	oil holding capacity	持油能力

续表

英文缩写	英文全称	中文名称
PYY	polypeptide tyrosine tyrosine	酪酪肽
QUICKI	quantitative insulin sensitivity check index	胰岛素敏感指数
SCFA	short chain fatty acid	短链脂肪酸
SDF	soluble dietary fiber	可溶性膳食纤维
SDS-PAGE	sodium dodecyl sulfate-polyacrylamide gel electrophoresis	十二烷基磺酸钠-聚丙烯酰胺凝胶电泳
SEM	scanning electron microscope	扫描电子显微镜
STZ	streptozocin	链脲佐菌素
TAA	total amino acid	总氨基酸
TC	total cholesterol	总胆固醇
TG	triglyceride	甘油三酯
T_{gel}	initial gelation temperature	初始成胶温度
TNF-α	tumor necrosis factor-α	肿瘤坏死因子-α
WHO	World Health Organization	世界卫生组织
WRC	water retention capacity	保水能力
WSC	water swelling capacity	吸水膨胀性
XRD	X ray diffraction	X 射线衍射
α-AAIR	α-amylase activity inhibition ration	α-淀粉酶活性抑制能力

索　引